青少年 科普图书馆

图说生物世界

植物中的"开路先锋"

——苔藓植物

侯书议 主编

上海科学普及出版社

图书在版编目(CIP)数据

植物中的"开路先锋":苔藓植物 / 侯书议主编.—上海 : 上海科学普及出版社,2013.4(2022.6重印)

(图说生物世界)

ISBN 978-7-5427-5600-8

Ⅰ.①植… Ⅱ.①侯… Ⅲ.①苔藓植物—青年读物②苔藓植物—少年读物 Ⅳ.①Q949.35-49

中国版本图书馆 CIP 数据核字(2012)第 272837 号

责任编辑 李 蕾

图说生物世界

植物中的"开路先锋"——苔藓植物

侯书议 主编

上海科学普及出版社

(上海中山北路 832 号 邮编 200070)

http://www.pspsh.com

各地新华书店经销 三河市祥达印刷包装有限公司印刷

开本 787×1092 1/12 印张 12 字数 86 000

2013 年 4 月第 1 版 2022 年 6 月第 3 次印刷

ISBN 978-7-5427-5600-8 定价:35.00 元

图说生物世界
编 委 会

丛书策划:刘丙海 侯书议

主 编:侯书议

副 主 编:李 艺

编 委:丁荣立 文 韬 韩明辉

侯亚丽 王世建 杨新雨

绘 画:才珍珍 张晓迪

封面设计:立米图书

排版制作:立米图书

前 言

　　亲爱的读者,在这本书里,我们将全面地认识一下那些我们不太熟悉,但在地球上却有着举足轻重地位的苔藓植物。苔藓植物很柔弱,通常只有 2～5 厘米高,它的成员遍及世界各个角落,且生存能力极强,可以在极其恶劣的环境下生存,并能逐步地改变那里的

生态环境！

苔藓植物有着超强的本领，不但可以抗拒火山的高温，还可以抗拒极地的严寒，甚至将寸草不生的沙漠变为绿洲。如此高强的本领，又都是哪些苔藓植物施展的呢？它们又是如何施展的呢？这些都将在本书中找到答案。

同时，作为世界上除了种子植物以外最大的植物群落，苔藓植物已在地球上生存了 3.7 亿年，因其小巧和美丽，被人类广泛地用来装点自己的生活环境，并且还可以用来检测环境中最微弱的污染分子。最重要的是，苔藓植物体内还含有丰富的生物活性物质和化学成分，一旦开发出来，将会对医药、冶金、化工等方面提供极大的帮助。那么，它都有哪些有用的生物活性物质？为什么苔藓植物从不感染病菌？它对我们人类又有什么样的帮助呢？让我们在这里一一解开谜底吧。

其实，这种古老的生物群落早就与人类的生活密切相关了。生活在北极圈一带的爱斯基摩人，常用长毛砂藓作为灯芯，浸蘸海豹油，点燃后就可以用来照亮漫长的黑夜了。在古代的欧洲，人们常用晒干的灰藓做枕芯和褥套，膨松舒适，而且保暖性强。

大自然真是神奇又美妙。今天，就一一解开关于苔藓家族的秘密吧。

目录

苔藓家族很坚强

苔藓家族很兴旺

苔藓家族故事多

苔藓家族有梦想

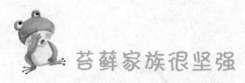

苔藓家族很坚强

关键词:3.7亿年前、开路先锋、生命奇观、紫萼藓、繁衍、蘑菇云爆炸

导　读:作为"小个子"的苔藓,有着极其顽强的生命力,在距今约**3.7**年前,苔藓植物就开始在地球上安家落户,其种族遍布高山盆地、雪域荒漠、戈壁沙滩、岩石丛林,可以说在地球的每一个角落,都可以看到苔藓的身影,由此,苔藓也被称作植物中的"开路先锋"。

先闭上你的眼睛,想一想"苔藓"这个词会在你的脑海里留下什么印象?

其实想到想不到都没关系,因为苔藓植物在人类的生活中本来就不怎么显眼。它们的个头都很矮小,大多数只有2~5厘米高,个别个子大的也不过30厘米高,生长环境也多是人烟稀少的林地、荒原、火山口和南极大陆等地方。再说了,它们绝大部分也不好吃,无法成为人类的美餐。

苔藓植物家族的成员遍布在世界的很多角落,它们大多数生命力都很旺盛,无论是热带雨林、温带原野,还是寂寞荒原、险恶极地,它们都能够生存。从远古时代一路走来,也确实不容易。

3.7 亿年前, 苔藓的祖先就来到这个世界

苔藓家族在生物界可谓是历史悠久。只是,苔藓其貌不扬、个子又小,所以大家可能对其家族的成员还不太熟悉。

苔藓家族属于古老的植物群落,按照生物学家的分类,苔藓被分为苔纲和藓纲两大门户。这两大门户都家大业大,数量众多。

在具体介绍苔藓家族的成员之前,先讲一下苔藓祖先的故事吧!

苔藓的祖先当然早就不存在了,现在人们看到的只是苔藓家族骨灰级别的祖先化石,这些化石都难得一见。因为,苔藓家族的成员

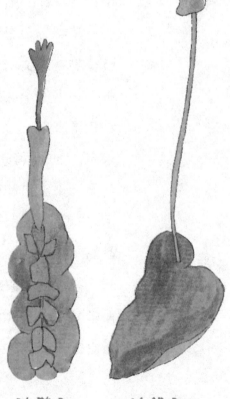

叶苔目　　地钱目

大多低调,身躯柔软,被恐龙或大象不客气地踩上一脚,往往化成泥土。可是,就是凭着这柔软的身躯,苔藓家族的祖先在很久很久以前就在地球上安家了,并经历了酷暑严寒、风霜雨雪、地壳运动和火山喷发等无法想象的磨难。

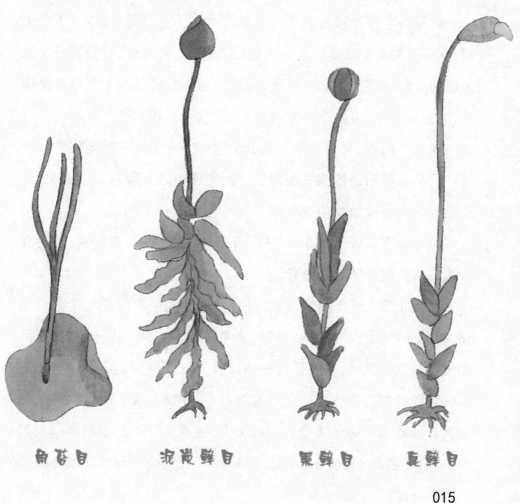

角苔目　　泥炭藓目　　黑藓目　　真藓目

地球霸主——恐龙家族早已灭绝,苔藓家族至今却还生机勃勃地生活在地球的各个角落。

科学家发现的苔藓家族祖先最早的化石,形状很像藓纲叉藓目的成员,它们生活在距今 3.74 亿年前的晚泥盆纪。

纪是科学家计算地质年代的单位之一。这样算来,在 3.7 亿年前,苔藓的祖先就在这个星球上生根发芽了。那时候,它们第一次为大地铺上象征繁茂生命的绿装,并就此开始与恶劣的大自然环境搏斗,才繁衍至今,堪称是生物界的奇迹呀!

在那个时期,世界上还没有出现多少植物,只有藻类植物和蕨类植物与苔藓植物的祖先相伴。那时地球也没有现在这么漂亮,有花植物是在苔藓植物祖先生活了 200 万年之后才出现的。

科学家还发现了距今 4.38 亿年前的管状化石,经研究,是苔藓家族成员藓帽中部分的残余。

在距今 3.7 亿年前的泥盆纪时,地球上的生物界发生了重大变化。早期的藻类、蕨类等堪称"拓荒者"的陆生植物,由于温度、光照和湿度的适宜气候,得到了进一步发展。早、中期泥盆纪的植物还是以低矮的裸蕨植物为主。到泥盆纪中、后期就出现了原始的石松类的斜方薄鳞木和裸子植物的古蕨羊齿,这两位可是古植物界的大明星,前者是名大个子,身高可达 30 多米。它们与苔藓植物家族的成

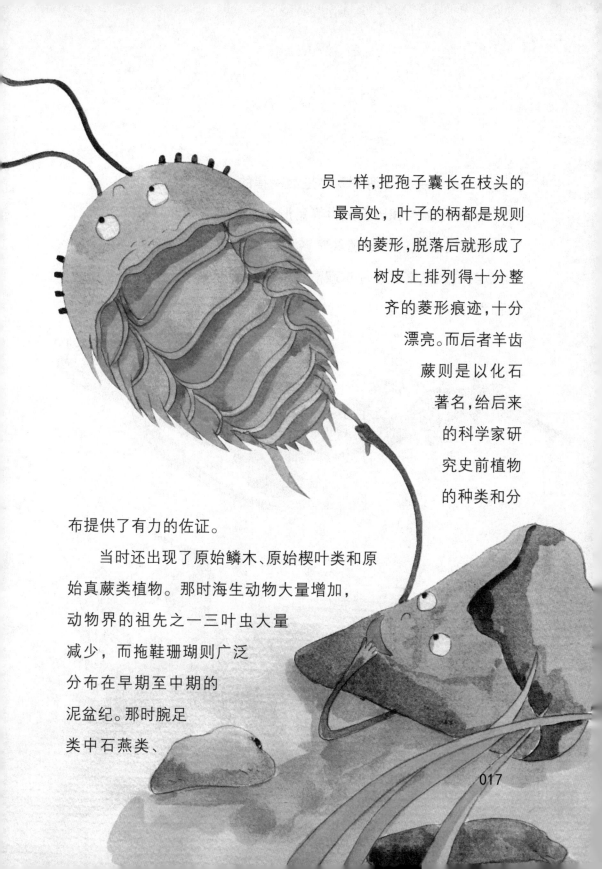

员一样，把孢子囊长在枝头的最高处，叶子的柄都是规则的菱形，脱落后就形成了树皮上排列得十分整齐的菱形痕迹，十分漂亮。而后者羊齿蕨则是以化石著名，给后来的科学家研究史前植物的种类和分布提供了有力的佐证。

当时还出现了原始鳞木、原始楔叶类和原始真蕨类植物。那时海生动物大量增加，动物界的祖先之一三叶虫大量减少，而拖鞋珊瑚则广泛分布在早期至中期的泥盆纪。那时腕足类中石燕类、

017

穿孔贝类的鹗头贝等海生动物是最幸福的。

另外，无颌类和盾皮鱼类等鱼形动物大量繁殖。

泥盆纪中期的沟鳞鱼经常游到岸边，成为苔藓植物祖先的常客。鱼类的大量繁育让原本寂静的海洋热闹起来了，因此，泥盆纪还被称为"鱼类时代"。

019

植物中的"开路先锋"

按照植物学家的说法，苔藓植物是地球上高等植物中最原始的陆生类群，也就是说，苔藓家族在陆生植物中有着很高的辈分！植物学家还说，苔藓家族是自然界的拓荒者。因为在极地、沙漠、荒漠、冻原以及山区裸露石面、新断裂的岩层和砂土上，许多苔藓植物家族的成员成为了重要的先锋植物。作为先锋植物，它们能够分泌一种"啃得动石头"的特殊液体，使得很多荒漠变成了绿洲。

这是科学家经过多年研究才得出的结果，足以证明苔藓植物家族成员身上流动着坚韧不拔

的"特殊液体"。这种特殊液体含有酸性物质，可以缓慢地溶解坚硬的岩石，加速岩石的风化，让它们从山石变成石头，从石头变成石块，从石块变为石子，又从石子变成小颗粒，最终变成土壤，为绿色植物的生长提供了可能。所以，科学家经常夸奖苔藓植物是其他植物生长的"开路先锋"。

然而，"开路先锋"的背后，需要苔藓家族付出更多不为人知的艰辛！

前面说过，苔藓家族的成员个体矮小，紧贴地面，所以它们都能耐严寒冰冻，因而成了极地和高山的主要植物。即使被冰雪所覆盖，苔藓植物依然可以在大雪下面保持着绿色。就是这些靠着顽强生命力生存的苔藓植物，给鹿和其他动物提供了美食，才使得它们不至于在冰天雪地中被饿死。

　　在砂碛、荒漠以及山区裸露石面、新断裂的岩层和砂土上生活更不是一件容易的事情。这些地方年降水量极少，而水是生命的源泉。在其他植物难以生存的地方，苔藓植物却能凭着生命的坚韧，不放过任何可供延续生命的水分子。正因为降水的稀少，所以这里的苔藓植物都非常擅长吸收水分，还能通过吸收降水带来的营养物质，将营养物质容留在体内，成为维持生命的原动力！同时，在裸露

的岩石表面积聚起微小的沙粒，也是苔藓植物的特殊本领：通过浓密的假根拦住路过的小沙粒，将沙粒等蓄积在群落之内，使苔藓植物与这些小颗粒紧密相连，把这些沙粒渐渐变成生长的土壤。站稳了脚跟，就什么都好说了。

在生态极其恶劣的干旱或半干旱荒漠中，常常生长着呈现垫状丛生的藓类植物。它们紧贴地面，手挽手，肩并肩，以超出其他生命的忍耐力顽强生长着。科学家们说藓类植物对于促进荒漠区水分和土壤养分循环、防止土壤侵蚀以及维管植物的萌发和生长发育等的作用，远远超过了藻类和地衣。

有了土壤的苔藓群落，会吸引很多的中小型土壤动物来做客和定居。动物的栖息地和休养地是从来不会寂寞的，接着小昆虫、小飞虫都来了，反过来促进了苔藓部落生态系统功能的逐步完善。

同时，苔藓家族表面初步分化的细茎和叶子大大提高了光合作用的效率。所谓"光合作用"，就是绿色植物通过利用大气中的二氧

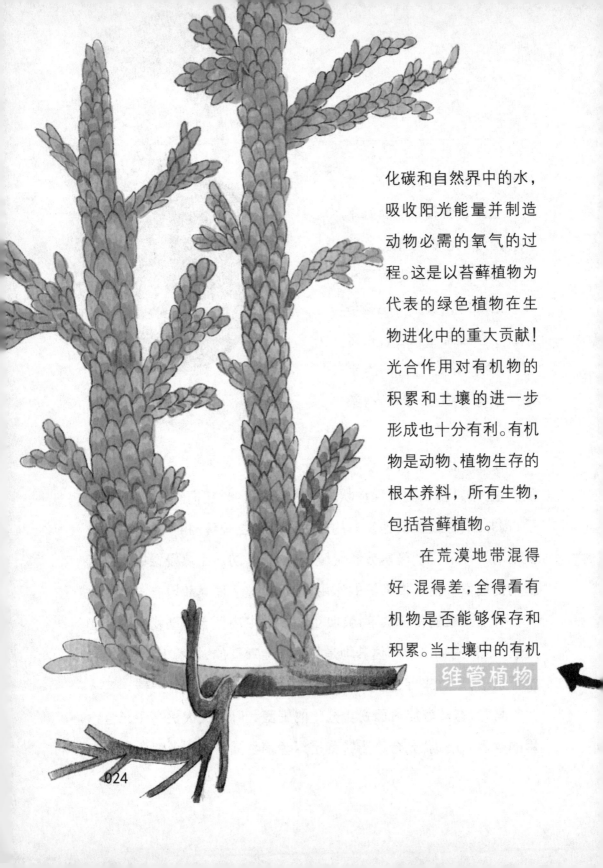

化碳和自然界中的水，吸收阳光能量并制造动物必需的氧气的过程。这是以苔藓植物为代表的绿色植物在生物进化中的重大贡献！光合作用对有机物的积累和土壤的进一步形成也十分有利。有机物是动物、植物生存的根本养料，所有生物，包括苔藓植物。

　　在荒漠地带混得好、混得差，全得看有机物是否能够保存和积累。当土壤中的有机

维管植物

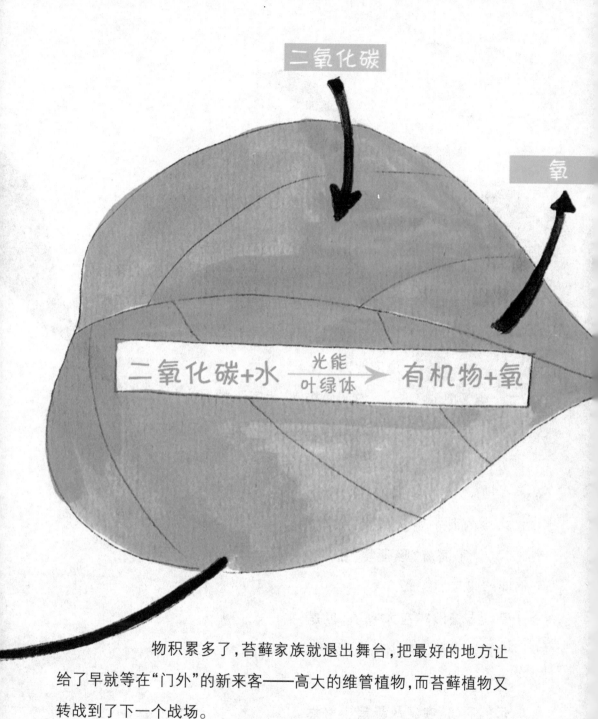

二氧化碳

氧

二氧化碳+水 $\xrightarrow[\text{叶绿体}]{\text{光能}}$ 有机物+氧

物积累多了，苔藓家族就退出舞台，把最好的地方让给了早就等在"门外"的新来客——高大的维管植物，而苔藓植物又转战到了下一个战场。

南极洲的生命奇观

　　植物学家说：在绿色的植被中，只有苔藓和地衣能够在严寒的南极陆地上生长。面对恶劣的环境，苔藓和地衣都有着特别强的适应能力。

　　说起南极洲，大家恐怕最先想起来的就是可爱的企鹅先生了！它除了腹部外，全身乌黑，尖尖的嘴巴，笨拙的身子，在冰冷的海水里又像灵活的海狮，见了面就"嘎嘎嘎"乱叫，可爱极了。

　　南极洲实在太冷了，但是企鹅却不怕。帝企鹅甚至能忍受 –70℃的严寒和长达几个月的黑暗，在狂风暴雪中悠然

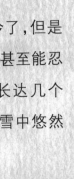

自得地生活！

南极洲大陆 98% 的面积常年被厚重的冰雪所覆盖，最厚的冰原达到 1.6 千米深。内陆高原平均气温为 –56℃左右，极端最低气温曾达 –89.2℃！为世界最冷的陆地。全洲平均风速 17.8 米／秒，沿岸地面最大风速可达 75 米／秒以上，1 秒钟 75 米呀！一头牛也会被吹上天去！那里是世界上风力最强和最多风的地区。加上天气干燥、日照少、营养缺乏和生长季节短，简直是植物生长的地狱。冻原是在这种生态条件下发育的有植被的代表地貌，它以灌木、草本以及苔藓植物和地衣为主要组成部分。苔藓植物在如此恶劣的南极洲也有"势力范围"，可真是不容易啊！

在南极洲，共有 200 多种苔藓家族的成员，其中藓类宗族 160 多种，苔类宗族 50 多种，主要分布于南极洲的岛屿上。就像企鹅一样，在严寒地区生存得靠集体的力量。南极洲主要的苔藓群落有矮藓丛群系、高藓丛群系、苔藓毯群系、苔藓簇群系、藓丘亚群系以及藓垫群系。从这些群系的名称中，或许你就可以大致猜出苔藓家族的成员是如何适应严寒而生存的：紧贴地面，抱团成簇，像帝企鹅那样抵御严寒！

在南极洲，苔藓植物以大叶湿原藓、扭叶镰刀藓、细牛毛藓、极地北灯藓、高山金发藓和长毛砂藓等为主，是极地常见的苔藓种类。

这些在南极的苔藓植物大多靠极细的叶子来抵御极地严寒的侵袭。

在这样恶劣的环境里,那些苔藓植物如何繁衍后代呢?别担心,苔藓家族能够用胞芽、植株体的碎片等进行无性繁殖,像蚯蚓一样使用"分身术":一分为二,二分为四,每一个分出的部分都可以独自成活,并繁衍成千千万万株苔藓植物。

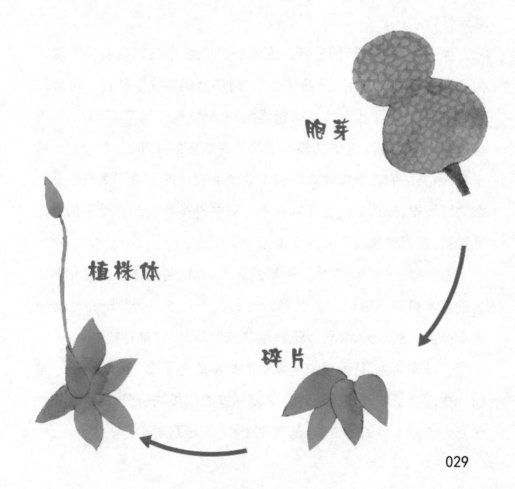

胞芽

植株体

碎片

渴不死的紫萼藓

科学家的研究表明，保存了 10 年的阔叶紫萼藓标本仍能够恢复活性！

生长在裸岩表面的砂藓，在经历了 200 个日日夜夜相对湿度为 32% 的干燥考验后，只要获得水分，仍然能够恢复往日的奕奕风采。苔藓家族有不少种类具有极强的耐旱性，除了紫萼藓科外，还有丛藓科、真藓科等。这些苔藓科下面还有众多的属和种，个个具有抗干旱、耐炎热的超世本领。它们勇敢地活在地球上最不适宜生命生存的环境里，却创造出生命的奇迹。有些种类能长期忍受干燥和阳光直射，在裸露的岩石和沙丘上顽强生活。

苔藓家族许多耐失水和干旱的兄弟姐妹，可随着环境变化将体内的含水量降得很低，甚至可以达到其干重的五分之一或十分之一。一旦遇到水分，又可以迅速地将其吸收，变得精神抖擞。

科学家认为，苔藓植物所具有的耐旱能力是由于它体内的一些特殊生理特征所致。通过对紫萼藓科家族成员的研究，科学家得到了它们适应干旱的秘诀：一是避免干旱，二是忍耐干旱。

那些耐旱的苔藓植物经过千百年来对干燥环境的适应,不仅在生理上形成了许多耐旱特征,还形成了一些特殊的形态结构,来适应干旱的环境,减少水分的散失。

它们到底是如何耐干旱的呢?

第一是植物体呈垫状丛生。它们的茎都是直立的,在 1 厘米左右,也就是一粒花生米立起来那么高。这样的身材虽然不太美观,但

是很实用。它可以提高毛细管系统的持水力，减小空气在叶片表面的运动，因而减少了水分的蒸发。说得简单一点，就是在连一个水分子都极其稀有的环境中，当苔藓植物面对可恶的狂风伺机抢夺体内珍贵的水分子时，它们就会把水分子都藏在体内的最深处。

第二是叶片干燥时强烈卷缩。比如旱藓和墙藓，它们的叶片常内卷和背卷，可以减少水分的蒸发。还有些更聪明的成员在叶片卷缩时紧紧地裹在直立茎上，任风吹雨打日晒都不怕，同时还保护了直立茎不受太阳强光的欺负。

　　第三个"法宝"就是毛状尖的叶片。科学家们说："这些毛状尖可以通过反射入射的阳光而减少水分蒸发，同时防止过强的辐射对苔藓植物引起的伤害。"

　　读到这里，大家不得不服苔藓植物吧？面对大自然无休止的索取，它们把叶片往尖的、细的状态生长，与风的接触面越小，也就越安全。因此，具毛状叶尖的紫萼藓和墙藓比不具毛尖的同种植物垫丛可以少失去30％的水分。

微观下的"蘑菇云爆炸"

相对于其他的植物,苔藓家族个子不高。这是苔藓为了保存实力,能够在恶劣的环境下生存。

可是在繁衍后代时怎么办?苔藓家的小宝宝都落到地上,那岂不是越聚越多啊,连下脚的地儿也没了!

别着急,苔藓家的老祖宗都考

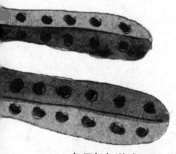

虑到这些问题了,知道它的后代子孙担负着改造地球生态环境的重任,所以个子小是必要的,而解决子孙扎堆繁衍的问题另有办法。还是先看美国科学家的最新发现吧。

美国马萨诸塞州威廉姆斯学院的琼·爱德华兹在一次生物学会议上声称:水苔在晴朗的天气里进行孢子繁殖时会在苔床上发生"爆炸",并在爆炸的瞬间可以产生"蘑菇云"。实际上,这种"蘑菇云爆炸"是由向四处飞散的孢子组成的,更为可贵的是,科学家以每秒 10000 帧的摄像速度捕捉到了这种微型"蘑菇云"形成的珍贵瞬间。

你知道什么是"蘑菇云爆炸"吗?

简单地说，"蘑菇云"指的是由于爆炸而产生的强大的爆炸云，形状类似于蘑菇，上头大，下面小，由此而得名。云里面可能有浓烟、火焰和杂物，现代一般特指原子弹或者氢弹等核武器爆炸后形成的云。火山爆发或天体撞击也可能生成天然蘑菇云。因此，"蘑菇云爆炸"多指具有强大威力的爆炸才能产生的景象。

那么小小的不起眼的水苔怎么会具有这么大的威力并产生微观下的"蘑菇云爆炸"呢?这也是苔藓家族勇敢和坚强的个性的体现。

对于生长在距离地面很近的苔藓家族来说，周围空气流动并不是很强烈，甚至说很小，这固然能够躲得过风的威胁，可是苔藓宝宝——孢子要借风发力，离妈妈更远的地方生存，这就又成了麻烦。因为离地面几厘米处空气流动微弱或者没有流动的气流，孢子很容易会落在苔藓已经占据的生长区域内。

为了扩大生长区域，苔藓的宝宝孢子必须要被弹射到距地面至少 100 毫米的空间里，那里的空气流动更剧烈一些，孢子才有可能飘落到更广阔的地方去生长。

苔藓家族的一些成员利用了"蘑菇云爆炸"的强大威力，竭尽全力把孢子囊中露出来的孢子弹射出去，使许许多多的苔藓宝宝——孢子借助内部神奇的强大压力飞得更高、更远，向周围散播。

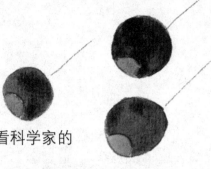

这种力量到底有多大呢?还是来看看科学家的研究吧。

科学家发现,如果水苔只是像发射子弹一样将孢子往前弹射出去的话,孢子只能被弹出几毫米远。而根据测量,这种"蘑菇云爆炸"的独特弹射方式,对孢子的弹射高度平均为 114 毫米,有的甚至能达到 166 毫米!这对于平均身高只有 10～50 毫米的苔藓植物来说,已经算是奇迹了。这一高度足以使孢子能够被风传播到新的生长区域去。

也只有顽强的生命,在恶劣的环境下不断与大自然抗争的过程中,才能产生如此美妙的生命奇观。

苔藓家族很兴旺

关键词: 4 万个种类、墙藓、水生苔藓、林生苔藓、石生苔藓、环境污染、监测哨兵

导　读: 拥有 4 万个种类的苔藓植物,按照生长环境、地理特征,可以分为水生群落、林生群落、石生群落。这些苔藓在不同的生长环境下,都以顽强的生命力成长并繁衍着后代。同时,作为柔弱而又美丽的苔藓,还是人类观察、检测环境污染的一项重要生态指标。

040

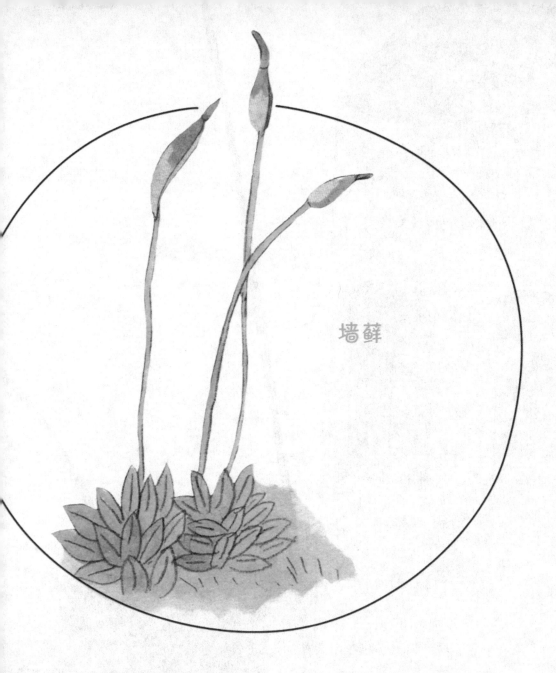

墙藓

　　不知道你在夏天里，注意过这样的现象没有，在潮湿的地面和背阴的墙壁上，能够看到一层绿色的绒毛，那就是苔藓植物家族的成员——墙藓。

　　墙藓属是苔藓植物家族中藓纲丛藓科的最为常见的一种,主要特点是个体矮小丛生,大都在 5~15 毫米。它们主要生活在南北半球的温带及暖热带地区,在高山寒地也有分布,多生于石灰岩及钙质土上。其实在岩层、石面、天井、台阶、古屋瓦面、城墙、石壁上,尤其是在雨后或南方的梅雨季节,都有墙藓绿绒绒的毯子般的靓影。它们中间有浅绿、黄绿和墨绿等颜色。

　　墙藓属全世界约 50 种,中国有长尖叶墙藓、短尖叶墙藓、钝叶墙藓、刺叶墙藓、平叶墙藓、弯叶墙藓、荒漠刺叶墙藓、凹叶泛生墙藓、泛生墙藓、具边墙藓、齿肋墙藓、大墙藓、全缘墙藓、土生墙藓、无芒泛生墙藓、无疣墙藓、云南墙藓、中华墙藓……这不过仅是小群体的成员,所以请大家再淡定一些,要知道全世界的苔藓家族共有 40000 种,要是一一列出来,得把你晕趴下。

认识下苔藓家族

在全世界 40000 种的苔藓家族中，被分为苔纲和藓纲两大门户。其中藓纲更是以无可超越之势雄居苔藓家族之冠，无论长幼都号称长老级别的。因为超过95%的苔藓植物都属于藓纲。

藓纲中的金发藓目成员比其他大多数的苔藓要大，如土马鬃即可长到40厘米高，堪称苔藓中的"巨人"。最

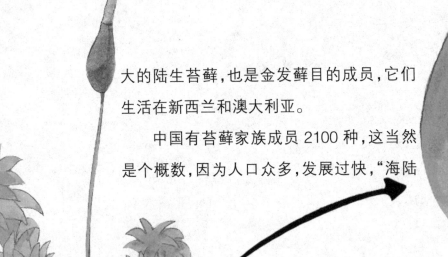

大的陆生苔藓，也是金发藓目的成员，它们生活在新西兰和澳大利亚。

中国有苔藓家族成员 2100 种，这当然是个概数，因为人口众多，发展过快，"海陆空"三方面的污染已要了不少苔藓的命！在先前的花名册上，苔类植物约有 600 种，藓类 1500 余种。

不过，人们已经认识到这一点，已经有科学家提出要保护苔藓家族中的某些成员了。

下面介绍给你认识下苔藓家族中的一部分成员吧。

先请藓纲植物闪亮登场！

凤尾藓科、虎尾藓科、牛毛藓科、孔雀藓科、曲尾藓科、白发藓科、金发藓科、大帽藓科、紫萼藓科、葫芦藓

046

科、提灯藓科、皱蒴藓科、隐蒴藓科、高领藓科、卷柏藓科、白齿藓科、缩叶藓科、扭叶藓科、船叶藓科、柳叶藓科、碎米藓科、泥炭藓科、薄罗藓科、垂枝藓科、黑藓科、丛藓科、壶藓科、真藓科、蕨藓科、蔓藓科、带藓科、平藓科、青藓科、绢藓科、棉藓科、锦藓科、灰藓科、羽藓科、塔藓科、鳞藓科、珠藓科……

这只是今天到场的藓纲的一部分，每个科下面又分无数个属和种，在没有征得这些科的同意之前，不便向你透露更多它们的情况。

呵呵，再请来自苔纲的朋友们闪亮登场！

有叶苔科、剪叶苔科、迎叶苔科、合叶苔科、紫叶苔科、毛叶苔科、耳叶苔科、小叶苔科、苞叶苔科、带叶苔科、皮叶苔科、裸葫苔科、护葫苔科、隐葫苔科、直葫苔科、大尊苔科、兔耳苔科、甲壳苔科、复叉苔科、拟复叉苔科、睫毛苔科、钱袋苔科、齿萼苔科、全喜苔科、顶苞苔科、壶苞苔科、歧舌苔科、光等苔科、毛耳苔科、细鳞苔科、短角苔科、南溪苔科、绿片苔科、苞片苔科、半月苔科、单月苔科、魏氏苔科、阿氏苔科、克氏苔科、瘤冠苔科、星孔苔科、囊果苔科、藻苔科、绒苔科、羽苔科、叉苔科、光苔科、蛇苔科、钱苔科、地钱科、花地钱科……

在往年与大家的见面会上，都是藓类植物多一些，因为它们的数量占绝对优势嘛！不过今年，藓类家族很低调——咦？这两位……

嘘！小声点！发现有两个疑似潜入苔藓家族的"特务"！

喏——就是最后那两位！生物多样性入侵,听说过没? 要当心。

虚惊一场啊！原以为地钱科是来自地衣门的特务呢！闹了半天也是苔藓家族的成员！因为它们与大多数的苔藓家族长得不一样:都是一片叶子的样子,腹部有鳞片和假根,背面有气孔。

好了,继续认识苔藓家族的成员吧。苔藓家族虽然有4万种,但多数因其生长环境恶劣,我们很少见到。常见的苔藓植物主要有:葫芦藓、地钱、光萼苔、片叶苔、塔叶苔、脚苔、泥炭藓、黑藓……像前面提到的紫萼藓就有许多种。

葫芦藓属是真藓目中最常见的藓类。真藓目在藓类中种类最多,分布最广,遍布世界各地,是藓类中的一个大的家族体系。

葫芦藓是土生的小型喜氮藓类,经常见于田园、庭园、路旁。葫芦藓植物体高2厘米左右,都是直立生长的,喜欢扎堆,其基部生有假根,与苔藓家族的其他成员没什么两样。叶片卵形或舌形,排列疏松;茎的结构比较简单,自表皮向内分作表皮、皮层和中轴3层组织;表皮、皮层基本是由薄壁细胞组成的,但没有形成真正的输导组织。茎的顶端具有生长点,也就是不断长高的地方。生长点的顶细胞呈倒金字塔形,可以三面分裂,生成侧枝和叶。

耐旱的紫萼藓是一个有着众多成员的勇敢群落:北方紫萼藓、甘肃紫萼藓、吉林紫萼藓、南欧紫萼藓、韩氏紫萼藓、变形紫萼藓、尖顶紫萼藓、毛尖紫萼藓、无齿紫萼藓、圆果紫萼藓、长蒴紫萼藓、柱蒴紫萼藓、长枝紫萼藓、纤枝紫萼藓、粗叶紫萼藓、细叶紫萼藓、兜叶紫萼藓、钝叶紫萼藓、卷叶紫萼藓、阔叶紫萼藓、亮叶紫萼藓、卵叶紫萼藓、直叶紫萼藓、皱叶紫萼藓、粗疣紫萼藓、垫丛紫萼藓、黑色紫萼藓、厚边紫萼藓、卷边紫萼藓、无毛卷边紫萼藓等。

　　当你想到这么多形态各异的柔软而坚韧的生命，像不屈的士兵一样战斗在最严酷的大自然面前，生生不息地为其他植物在荒漠、裸岩、冻原开辟出种种生机时，你没办法隐藏对这种生命力量的景仰之情。

　　向它们致敬！

051

水生群落的嬉水乐生活

　　除了在陆地上攻城略地,在水下、水中和水面上,也有苔藓家族许许多多的成员展现着靓丽的身姿。

　　生物学家研究发现,很多苔藓植物可以生活在各种不同的淡水环境中。

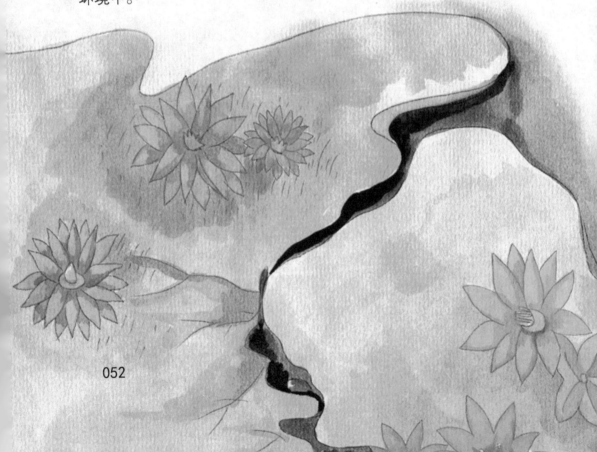

比如，在美国加里福尼亚州和内华达州交界处的塔霍湖湖深达 150 米，湖底一片黑暗，仍可以发现苔藓植物在茁壮成长，高度达 30~40 厘米，算得上是苔藓家族中的大块头了！在毗邻加州的俄勒冈州的一个深达 20~60 米的湖中，生长着大量的水藓和浮水镰刀藓。在那里，水生动植物左右相伴，风光无限。

　　常年积水的沼泽也是苔藓家族的最爱，并常常作为沼泽里最有势力的群落，成为影响湿地生态系统中的主力军。如泥炭藓、沼泽皱蒴藓以及镰刀藓属的许多种，都是常见的生活在温带和寒带沼泽中的"名角儿"，而泽藓、明叶藓和油藓等则是在热带沼泽中混得很不错的"大腕儿"。

　　此外，在冰冷的南极和北极持久淹没 30 米深的湖底，也生长着令苔藓家族自豪的水底苔藓群落，一些湖底的藓类茎叶可长达 40 厘米，直接占有 40% 的湖底面积作为私家的"势力范围"，而没有任何其他的生物群落敢于抱怨和不满的。兴盛的湖底藓类植物群落的主要代表有细湿藓属、小曲尾藓属、对叶藓属、水藓属以及钱袋苔属等，它们都是岸畔的苔藓碎片被风吹入

水中,沉入水底稳定下来,逐渐在湖底生长形成群落的。

　　如果仅仅是在淡水中生活,自然鱼啊虾啊草啊的也少不了,热闹非凡,一片生机。可是如果仅仅这样,苔藓家族那不屈、勇敢、坚韧的家族精神不就湮灭于尘世了吗?

　　要知道,苔藓家族向来对温度能够表现出极强的适应能力,也就是说,在许多别的生物无法生存的地方,都能发现苔藓的身影,这才是苔藓家族的性格。

　　许多活生生的例子表明,除了在极地生长的超耐寒的苔藓,让生物学家叹为观止外,苔藓能在超过 53℃的温泉中生长,也让生物学家们惊讶不已。53℃的温泉,就连一些刁蛮的细菌也忍受不了。

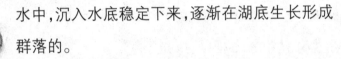

然而奇迹还不止于此。

在世界上一些含盐度很高的近水区域，也有着意气风发的苔藓一族。

例如，在英国，沿海滩涂上有 50 多种苔藓，全靠喝海水长大。在欧洲东部的一些盐碱地，还有德国的盐沼，都有

"口味"特重的苔藓部落,按它们的话说:一天不吃盐,生活无光彩;两天不吃盐,浑身不自在;三天不吃盐啊,幸福指数直降到底!所以它们之间谁不服谁,就比赛以离了盐后支撑的时间长短来论英雄。

当然,还有些苔藓家族的成员觉得天天生活在沙滩上也算不了什么,干脆直接长在盐湖边缘的硫酸镁晶体上。对于硫酸镁,你有印象吗?在化学实验室里会见到它。它就是白色的晶莹的透明颗粒。想想看,那些长在这些晶体上生活的苔藓植物是不是帅呆了?

这些苔藓所生长的地方正是沙漠中的国家——埃及,那里的水分向来是非常珍贵的。另外在中国南方钾盐丰富的土壁上,也常常会见到长蒴藓的身影,它们也是吃盐长大的。

还有一些水生藓类,被渔民伯伯种植在鱼塘里,负责给池塘里生活的鱼儿们输送氧气,可招鱼儿喜欢了。

还有些如南亚石灰藓等多种藓类,本领更高,它们能够把水中游离的钙质号召集中起来,逐渐沉积形成石灰华,然后再经过进一步的硬化,最后形成泥灰石。

潇洒的、勇敢的、低调的
苔藓家族不管在哪里都像明
星一样大放异彩。

林生群落很"当家"

在高大的森林中,苔藓植物是最不起眼的,但是,千万别小觑这些不起眼的苔藓,其实,森林就是由苔藓家族创造出来的!或许你不会相信,但事实的确是这样的。

在庞大的苔藓家族中,既有能够适应极端干旱一族,也有许多成员有很强的适应水湿的特性,也就是说不怕生长环境常年有水,如泥炭藓属、湿原藓属、大湿原藓属、镰刀藓属等等,它们都喜欢常年在湖边、沼泽中大片生长,郁郁葱葱,气势壮观。

在漫长的日子里,这些喜水的家族成员会变得不再年轻,身体慢慢衰老下去了。这时,它们身体的上部就会逐年生长出新的枝条,下面老的植物体则会逐渐死亡、腐朽。

时光会慢慢告诉你一切可能发生的事情:在随后的漫长的日子里,上部藓层逐渐增生扩展,下部死亡、腐朽部分愈堆愈多,愈堆愈厚,可使原来常年积水的湖泊、沼泽逐渐干枯,慢慢地与陆地融为一体。于是,那些陆生的草本植物、灌木和乔木等,也慢慢地搬过来居住,再往后,这里与陆地也没什么两样了,森林逐渐形成,而原来的湖泊、沼泽就渐渐消失了。这就是常说的岁月更替,沧海桑田。

说苔藓植物在林间很有影响力,还表现在它们面积大、分量足等方面。

一般说来,林地中的树木,特别是生长在热带雨林中的树木,通常具有高大的树干、大型叶片以及支持根和在地面结成网状的根,树生苔藓群落就占据着树干的基部(离地面最近的树干部分)、大型叶片的表面和网状根的角落等部位,还有些像吊兰草那样,悬在枝叶间的空中,真是要风得风、要雨得雨的空中楼阁啊!甚至在同一树木的不同部位的树皮上、同一部位不同方向的树皮上,都有着形态各异的苔藓种类,常见的有平藓科、蕨藓科、蔓藓科以及羽藓属、耳叶苔属的许多种。

在越南的热带雨林中,生物学家观察到树基处生长着苔藓家族的成员达 100 余种。叶附生苔藓是热带雨林的最大特色,一些地方仅叶面上的附生苔藓就达 50~60 种。那么多的成员和睦相处,真应该给它们颁个"世界和谐奖"。

另据生物学家的实验证明,在每公顷(相当于 1.5 个足球场那么大)的热带雨林中,苔藓植物的总生物量可达 6 吨!那可是无数个苔藓家族成员的积累量啊!此外,在美国华盛顿州的温带森林中,一种名叫大叶槭的单棵树上重达 35.5 千克的附生植物中有 74%

沼泽地

为苔藓植物。

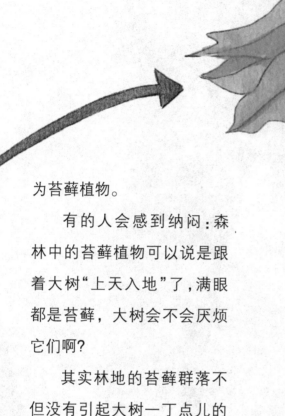

灌木

　　有的人会感到纳闷：森林中的苔藓植物可以说是跟着大树"上天入地"了，满眼都是苔藓，大树会不会厌烦它们啊？

　　其实林地的苔藓群落不但没有引起大树一丁点儿的不高兴，反而与森林中的大树还有着很好的关系。

　　在漫长的历史进化过程中，林生苔藓已与森林结下不解之缘，就像专吃叮咬犀牛的蝇、虻之类的犀牛鸟，与犀牛形成密切的共生关系一样，林生苔藓对森林的生长发育状况也有重要的影响，所以才能在茂密的森林里受到大树们的礼遇。

其特点之一，就是苔藓家族有许多成员具有较强的吸水能力。据生物学家实地检测得知，在非洲的坦桑尼亚，生长于高海拔灌木丛林中的树生苔藓，在一次降雨中平均每公顷范围内的苔藓 1 小时就可以吸收 30 立方米的水分。这比该群落其他部分吸收水分的总和还要多。另外,波叶曲尾藓吸水量可占到本身重量的 82.8%,赤茎藓占88.5%,尖叶泥炭藓占 94%。而最生猛的一种泥炭藓,吸水量甚至可以达到自身重量的 10 ~ 25 倍。这是因为泥炭藓植物体内的细胞结构十分特别,具有众多的大型贮水细胞,而进行光合作用的绿色细胞却很小,因此,这类植物能贮蓄大量的水分。

想想看,一只青蛙如果喝了达自身体重 50%的水,它还爬得动吗? 别的生物就更没得比了。此外,苔藓及其群聚所形成

066

的毛细管系统也具有很强的吸水保水能力。

现在你该明白大树为什么喜欢林生苔藓部落的成员了吧?

苔藓群落所独有的对水分的保持和涵养能力,在多雨季节吸收地面更多的水分;在干旱时又可以保持地面的湿润,缓冲了森林环境的剧烈变化,减少了风雨对林间土壤的侵蚀。如中国东北落叶松林中的山羽藓和垂枝藓,对水土保持就起到了积极作用。

另外,苔藓家族在风雨、旱涝中的淡定和坚毅,也大大激发了其他生物旺盛的生命力,有利于森林植被的稳定。大树们的根基长得十分牢靠,没有了后顾之忧,而这一切全是小小苔藓植物的功劳,大树们与林生苔藓家族成员的感情可以说是"雷打不动的"!

林生苔藓第二个特点,就是苔藓层为一些树木种子的萌发提供了吃喝不愁、舒适安全的温床。也就是说,不但林间大树们受到苔藓植物的呵护,一些树木的小宝宝——种子,也全靠苔藓家族部落成员的照顾,才能健健康康地茁壮成长。苔藓家族的林生部落成员简直就快成为树木们的全家"保姆"了,而且还是长期的免费使用!

这是因为林木间苔藓层的存在能够大大提高种子的存活率,如日本铁杉种子的存活率完全依赖于林下苔藓层的厚度是否合适。

担当树木种子"保姆"的林生苔藓部落的成员,除了给种子最适宜发芽和生长的水分和温度,还可以保障萌芽中脆弱的种子们不受病菌的侵犯和骚扰。

在苔藓层中发芽的白冷杉的种子，就不会轻易受到松树孢霉感染而引发雪腐病；棕榈科植物上的叶附生苔类体内含有氰基藻类，其特殊本领就是可以把从四面八方路过它家门口的氮分子悉数抓捕和锁定，于是这些本来自由地游离于自然界的氮分子，就乖乖地成了树叶食之不尽的"口粮"了。

更让人称奇的是，生物学家做过实验，如果除去棕榈科植物叶子的附生苔类，欺软怕硬的食叶蚁就会贪婪地扑上来，大口大口地享受起棕榈科植物叶子的清香，直吃到肚子溜圆，打着饱嗝才走。如果让它们来这么三五趟，还让不让棕榈科的植物活了？

如果没有苔类在叶子上站岗，食叶蚁的疯狂程度会增加 2～3 倍。有如此关怀备至、长期免费守护的苔类，你说大树们能不打心眼里感谢它们吗？

除了能够与大树们成为亲密无间的好朋友之外，一些维管束植物，如长果升麻、五福花、独叶草、睫毛蕨、虎耳草属植物和人字果等也常生于藓丛中。如果没有林生苔藓植物，它们就活不下去，它们已经完全依赖于苔藓成员营造的温馨的林间福乐地了。

石生群落很专一

苔藓还可以在裸露的岩石上生长。这种顽石上生长的生命奇观还包括地衣和蕨类。作为生物界的"开路先锋",它们的坚韧换来了这个星球上的生命之绿。

开拓是艰辛的,当荒漠披上生命的绿装时,那些开拓者就成了植物界的功臣,可以与其他绿色生命一起装扮这个世界了。这种既可以生长在岩石上战天斗地,又能生长在土壤中安享太平的石生苔藓植物,包括灰藓及曲尾藓属的一些种类。它们的名气都不大。

而真正能够作为苔藓家族中的石生部落的代表,并能够让所有植物景仰不已的,是那些专一生长在岩石上的"硬骨头"成员。如果换个舒适的温暖湿润的地方,它们反而会不适应呢!这才是真正的苔藓石生部落成员啊!

这个部落的成员中就有前面提到过的大名鼎鼎的紫萼藓属。在中国所有的石生群落中,紫萼藓群落分布最广,专门生长在干燥、昼夜温差极大、土质浅薄以及石砾丛集的高山地带。在那里,夏季白天烈日当空,午后最高温度可以达到 40℃ ~ 50℃,似乎要把大地上的

一切都烤焦了才肯罢休；而到夜晚，这里的温度又大幅下降十几摄氏度；冬天就更不用说了。除了温差极大，这里还遍地是砂砾和岩石，一年四季干燥少雨，土质很少。而"硬骨头"的紫萼藓属偏偏在这里安营扎寨，扛起抗击大自然恶劣干旱、酷热和严寒气候的大旗！

在大多数的天气中，裸露的岩石上都是光照强烈的，早晚温度的变化剧烈，同时因为没有土壤而不能储存水分和养料，也就是一片干燥、酷热或者冰冷的状态，无任何生命迹象。而苔藓家族的本领就是在这里体现出来的。

　　以矮小的紫萼藓为代表的石生苔藓群落，是最初出现在光秃秃的岩石上的生命奇迹。同时，也有壳状地衣、叶状地衣作陪，紧紧地依附在岩石的表面，耐得了寂寞和贫瘠，抗得了风沙的拍打和撞击，岿然不动地与天地抗争。

　　岩石上长了这类矮小致密的群落以后，苔藓与地衣家族既可阻留风雨带来的细小土粒，又能通过分泌有机酸类腐蚀岩面，把"啃不动"的，逐渐变成"啃得动的"，从中溶解出一定的无机盐类。更重要的是，紫萼藓的枯萎茎叶又给这薄薄的土壤增添了有机质。土层可以增厚 1～5 毫米，喜光的垂直藓就可以定居下来，不久就可以形成 4～7 厘米的苔藓层，苔藓层下的土壤也增厚到 3～4 厘米。

　　至此，原来裸露的岩面已被苔藓层所覆盖，生态环境大为改善。

　　当遍地砂砾的荒漠，有零星的小昆虫来觅食的时候，那就是以紫萼藓属为主的石生苔藓部落已站稳了脚跟的标志。

　　即使是在最恶劣的生态环境中，紫萼藓属也不是独自在战斗。最常见的高山石生群落还有砂藓群落和黑藓群落，另外还有纽藓属的一些种类。

其中，砂藓也是"集团军"在作业，砂藓中成员还包括长蒴砂藓、长枝砂藓、长毛砂藓、白毛砂藓、柔叶砂藓、长叶砂藓、双蒴砂藓、柔叶砂藓、大叶砂藓、兜叶砂藓、德氏砂藓、簇生砂藓、黄砂藓、长枝异叶砂藓、钝叶异枝砂藓、多枝异枝砂藓、高山异枝砂藓、短枝异枝砂藓、黄色长叶砂藓等。可真是形态各异，气象万千。在与自然抗争的过程中，它们也不忘展示自己的美丽以及对生命的热爱和面对恶劣环境自信的微笑。

请记住：它们，只生长在裸露的岩石上。

柔弱而又美丽

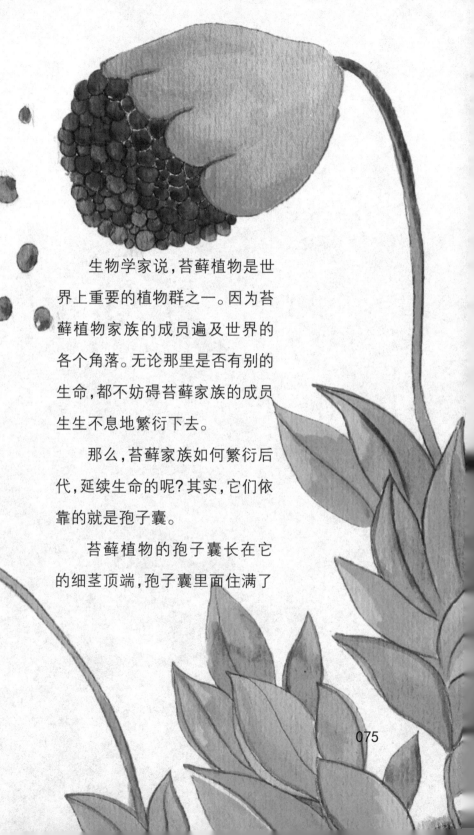

生物学家说，苔藓植物是世界上重要的植物群之一。因为苔藓植物家族的成员遍及世界的各个角落。无论那里是否有别的生命，都不妨碍苔藓家族的成员生生不息地繁衍下去。

那么，苔藓家族如何繁衍后代，延续生命的呢？其实，它们依靠的就是孢子囊。

苔藓植物的孢子囊长在它的细茎顶端，孢子囊里面住满了

076

苔藓家族的小宝宝——孢子。孢子成熟后跳出孢子囊随风飘散,就离开了妈妈,四处为家。

孢子囊因形态各异而美丽无比,许多苔藓植物的名字就是因孢子囊的形状命名的,使人见一面就能记住它们。

如提灯藓科的成员,植物体的顶端长着像灯笼一样的孢子囊,在只有几厘米高的植株显得小巧别致,真是让人看了满心欢喜。即使孢子在离开妈妈以后,开了口的孢子囊还可以为过往的蚂蚁等小昆虫遮风挡雨呢! 真是既漂亮,又实用!

还有著名的葫芦藓科,当丛生的部落里举起一个个鲜亮小巧的碧玉一样的小葫芦时,微风吹来,摇曳生姿,真让人进入了一个童话世界。

最漂亮生动的应该要数仙鹤藓了吧。它们的孢子囊上方又伸出尖尖的前端,仿佛美丽仙鹤长长的嘴巴。由此而得名。

仙鹤藓也有许多种,常见的有狭叶仙鹤藓、尖叶仙鹤藓、钝叶仙鹤藓、宽果异蒴藓、多蒴仙鹤藓、纤细仙鹤藓、小仙鹤藓和美丽仙鹤藓等。

当清晨挂满露珠的葫芦藓丛折射出晶莹的光芒时，当那一个个欢快的"仙鹤"像欢迎远方的客人舞动起来的样子时，相信每一个看到这样神奇情景的人都不会无动于衷。

还有凤尾藓科，是以茎叶类似美丽的凤尾而著名，全世界约有900种。如果在几厘米高的苔藓丛中发现"凤尾白马"精美的叶子，真是惊叹大自然的造化之功！

还有一种叫睫毛藓科的苔藓家族成员，它的拟叶茎演化成排列整齐细而翘的样子，像美丽的白雪公主乌黑的睫毛，漂亮极了！是会让英俊的白马王子看一眼就会深深地爱上它的！

你看这些苔藓,可谓是星光璀璨,它们既丰富了大自然界的多姿多彩,同时,也给这个星球的地表植被的增加作出了很大的贡献。这些都可以看作是苔藓家族的荣耀。

可是,这些美丽的苔藓植物正在面临着人类大肆攫取自然资源而带来的破坏性影响。苔藓家族敌得过所有恶劣的自然条件,却敌不过人类的污染。

人类为发展栖息地而进行的林业、农业、工业、城市扩展、森林砍伐、过度放牧、污染以及不定期的植物采集等活动,正在让苔藓家族面临着与其他植物一样的巨大威胁。我们不妨去看看这些苔藓植物将会面临什么样的生存困境。

有一种藓类植物只栖生在厄瓜多尔的 5 种古老的可可树上,而有这些可可树生长的森林,多数已被毁坏。这将会导致这种苔藓植物失去它的生存空间。假如真的有一天,这种可可树被人类砍伐殆尽,是不是意味着这个种类的苔藓,也将随之消失了呢?

还有一种生长在大西洋群岛月桂树上的典型苔类,它们喜欢生活在海拔 1000 米以上的永久性潮湿的栖息环境里,比如瀑布附近和水滴敲打岩石的地方,但由于放牧、旅游和水质的氮化,导致其仅有的栖息地不断退化。

一种极其稀有的苔藓叫"凸叶黄藓"。这种苔藓有 10 个小种群，分布在欧洲阿尔卑斯山潮湿的岩石上、日本中部以及中国的部分地区。它纤小，对空气污染引发的细微环境变化非常敏感。而现在，其中一些种群可能已经灭绝了。

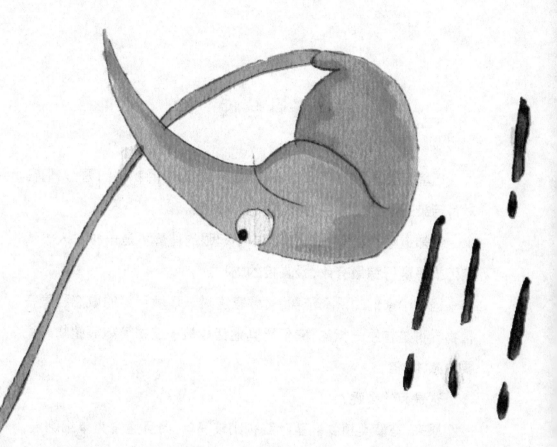

　　这种苔藓家族中的贵族，一旦毁灭，就永远无法再见到其尊容了。所幸的是，生物学家已经在开列濒危苔藓植物的名单了，希望用这种方式，唤起大家对它们的保护。

　　也有值得令人欣慰的是，一旦污染得到控制，苔藓看似纤细的体质，就会显现出非凡的恢复能力，可以很快"恢复失地"的。这也是苔藓可敬可爱之处。

兴旺背后很心酸

环境污染是目前全世界所有国家都要面对的棘手问题,人们在对付污染恶魔的斗争中想到了很多的对策。

你知道吗? 其实,植物家族中不起眼的苔藓可是一种对人类侦查污染恶魔行踪最有效、最直接的物种。

据科学家们的研究证实,苔藓家族对于环境污染的敏感程度在植物界可是首屈一指的,它们比其他诸如被子植物等高等植物来说要敏感 10 倍。

这是为什么呢?

原来,苔藓类植物的茎叶结构比较简单,而且通常为单细胞层,一些污染物可以通过苔藓植物的叶面,很容易进入细胞内部;同时苔藓植物较为细密的叶面跟空气的接触面积非常大,对于空气中的污染物质的吸附能力很强,而且它们的叶片表面没有像其他高等植物那样有蜡质物质覆盖,空气中的污染物可以长驱直入到苔藓类植物体内,并沉积下来。

某些苔藓类植物中有"异食"癖好,特别喜欢生活在含有某种特

大きく育つと重い汚染

殊金属的环境中,还会将这些金属收集起来,当做"美餐"。

可以这么说,正是苔藓家族的成员们由于对于环境变化的超级敏感性,它们成了人类监测环境变化的"哨兵",在污染恶魔逼近的时候,它们就会拉响"生物警报",提醒人们做好防御。

科学家们往往通过对苔藓"哨兵"体内的一些化学元素的含量分析,就能得到当地大气环境中诸如二氧化硫、重金属等主要污染物质的分析指标。

在所有的苔藓"哨兵"中,对于污染恶魔进攻抗打击能力最强的是生活在土层上的苔藓们,即使在体内已经被有毒物质侵入,它们还是能够坚守在自己的"哨位"上。

而稍微娇气点的就是那些居住在树木上的苔藓了。它们对于周边环境变化反应最为激烈、最为迅速。但是,由于它们对于污染恶魔的超级敏感,也让它们最容易被污染恶魔所吞噬。

在苔藓家族"'苔'丁兴旺,'藓'口众多"的背后,其实是它们默默承受着环境污染带来的折磨和痛苦。可见,一个清洁、健康的环境不仅对于人类十分重要,而且对于生活在其中的植物家族也是事关生死的。

从这个角度来说,人类真有责任好好呵护我们人类居住的这个星球家园,并给一切生物提供一个适宜生存的乐土。

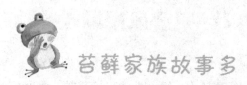

苔藓家族故事多

关键词：苔藓地、风靡、欧美、二战、救死扶伤、芬兰饥荒、面包、斗火魔、驯鹿、美食

导　读：作为已经生活在这个星球3.7亿年的苔藓家族，有一个漫长的家族史，有很多丰富多彩的家族故事。在与大自然长期的斗争中，苔藓家族积累了许多对于人类来说有益的特长。所以，说起苔藓家族的故事，既有恬淡自然的，又有轰轰烈烈的；既有全身而退的，也有舍己救人的……

"苔藓地"曾风靡欧美

　　苔藓家族堪称植物界的"小矮人",娇小柔美,质地细腻,能给人一种安静、平和的感觉。

　　自古以来,苔藓植物常被中国人用于观赏,如著名的中国山水盆景,都会用人工种植苔藓,让假山绿意葱茏,充满活力。其中大叶藓、万年藓等,在这方面表现得十分出色。

　　山石盆景或树桩盆景讲究的不仅是艺术的美感,还讲究生气灵动,所以苔藓家族成员对山石盆景的滋润、养护、改良作用是其他任何植物所无法替代的。

　　在盆景中种植牛毛藓、绢藓、鳞叶藓等藓类植物来进行装饰和点缀,不仅能使盆景显得古朴典雅、清纯宁静、自然和谐、意境万千,又可以涵养水分、改善微循环,有利于盆景的养护和植物的生长;同时,苔藓植物还能够分泌出一种酸性物质,对山石盆景、岩石峭壁表面进行侵蚀。所谓水滴石穿,绳锯木断,当山石盆景养到一定时期,其表面自然形成一层钙土,长时间的钙土层堆积下来,又成为苔藓家族生长繁殖的沃土。

这样渐渐地新生长出的苔藓植物覆盖了山石,使整个山石盆景变成苔藓绿化植物体。按盆景制作的行话来说,就是"山石盆景养活"了。

下面就说一个有关苔藓家族的神奇故事。

19世纪末,正是中国的清朝末年,政治腐败、风雨飘摇的时候,在欧美,某个上流社会的一次大型家庭鸡尾酒会上,主人向客人们"不经意"地展示了自己的园艺师用苔藓地(应该如现在园艺上常用的草皮)装饰的居室和后花园。众人看后,赞美之情溢于言表,主人也十分得意,仿佛园艺师的功劳是他自己的一样。

没想到的是,一时间以满眼翠绿的苔藓地装饰、美化庭院的做法,在许多家庭居然成为时尚。当时的欧美园艺师忙得日夜不停,许多穷苦的失业人员,甚至有正当职业的人员纷纷转行,学习家庭园艺装饰技术。

家中堆满了黄金、白银的上流社会家庭对苔藓地的狂热需求,直接给苔藓家族带来了空前的、毁灭性的灾难——许多为了生存的穷苦人为了满足富人的这一需求,到处挖掘苔藓,而且只选最好的。这还不算最为惨烈,令人诧异的是,挖掘苔藓的人们,就像中国童话故事里的"猴子掰玉米"一样,遇到下一个比玉米好的桃子时,便舍弃掉前面的玉米棒——当他们遇到比正在挖掘的苔藓地好的另一块苔藓地,就会把已经挖掘成千疮百孔的苔藓地舍弃掉,开始挖掘他们所相中的另一块苔藓地。如此一来,对于苔藓的生态环境造成了极大的破坏。

　　被挖掘回来的苔藓地纷纷流入各个家庭。园艺师们把一片一片的苔藓养在有平坦屋顶的或门向北开的室内，并经常加入适量的水分保持其湿润。适应了这些上流家庭的气息后，郁郁葱葱的苔藓就被装饰到这个家庭的各个角落。

　　在日本，一些家庭也把苔藓当成是一种美，将它们种植在庭院中的各个角落。

　　在古老的寺庙庭院中，苔藓也是一道别致的景观。苔藓能带给人的是一种宁静、沧桑和沉稳，与寺庙给予人心灵沐浴的效果是一致的。其中，以日本京都的"苔寺"最为有名。

　　"苔寺"即指古老的西芳寺，因寺内生长有 120 多种苔藓家族的成员，以碧绿如绒毯而闻名。苔藓向来是低调的，但因"苔寺"名气

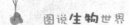　　　　　　　　　

太大,慕名而来者络绎不绝,但都被拒之寺外。曾经有人建议苔寺对世界开放,但一些专家担心人的体温会影响苔藓的生长而反对。

由于要求开放的呼声太强,迫于压力,苔寺方面就答应开放了。不过,一天只允许 15 个人参观,并且这些幸运的人必须虔诚地参与寺院安排的诵经、抄写经文、冥坐等活动,最后在清灵空静中参观寺内这些苔藓植物。

事实上,并不是你每天去得早或排队排得靠前就能进入寺内,而是需要提前 2 个月申请入寺参观名额。因为古老的西芳寺已被列为世界文化遗产了!

值得一提的是,一些苔藓种类一旦挖走,被移植到人类的家庭,无论园艺师怎样伺候,都难以成活。

而今,由于科技的进步,人类开始人工栽培苔藓了。在栽培的时候,苔藓喜欢什么,就给它们什么。比如:在砖块、木头及某些适合苔藓生长的粗糙水泥上进行栽培,有助于苔藓植物利用假根从中吸收水分。在土壤上面也可以事先涂一些酸性的物质,如酪浆、优酪乳或尿液等。

在用来装饰公园、庭院的苔藓植物中,应用较为广泛的当属泥炭藓。泥炭藓一般生长在沼泽地区或森林洼地等水分充足的地方,平时呈淡绿色,干燥时呈灰白色或黄白色,以群居的部落生活为主

要生存方式,呈紧贴地面的垫状,一看就知道它们具有丰富的生存
经验。

苔藓也曾救死扶伤

　　救死扶伤是医生的天职,可谁曾想到,苔藓植物在第二次世界大战中的火线上"抢救"过很多的伤员呢!它是如何"抢救"伤员的呢? 这要从植物中吸水能力最强、功劳卓著的泥炭藓说起。

　　泥炭藓植物简直是个宝。它喜欢生活在沼泽地区或森林洼地的一些水分十分充足的地方。其最显著的一个特点就是具有众多的大型贮水细胞,使植物体相当轻而柔软,吸水力极强,能吸收自身体重的 10~25 倍的水分,比脱脂棉的吸水能力强 1~1.5 倍,在植物界是数一数二的。

　　第二次世界大战时,因缺乏药棉,致使许多伤员得不到及时的救治,甚至连做些简单的包扎也不现实,使许多本来受伤不太重的士兵也因伤口感染而丧生,许多女性医护人员急得都掉下了眼泪。后来,一名经验丰富的军医推荐战地医院的医护人员使用泥炭藓。这一伟大的创新给了许多濒临绝境的伤员第二次生命。

　　后来,加拿大、英国和意大利等国都利用泥炭藓代替棉花制作急救用敷料。

由于泥炭藓含有泥炭藓酚、丁香醛及多种酶,作伤口敷料时,还可以被有效吸收,具有收敛和杀菌的作用,快速促进伤口愈合。

其实苔藓植物含有多种化合物:脂类、烃类、脂肪酸、萜类、黄酮类等。苔藓家族的成员在医药上的贡献历史久远。还有许多神奇的药物功效,只是暂时还没有被医学家研究出来。

但有一点是明确的:在二战时,苔藓家族为救死扶伤,也立下了汗马功劳。

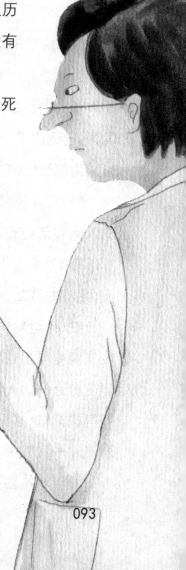

芬兰饥荒时的面包

　　苔藓植物不宜人类食用,按专业的说法就是"适口性"差。动物和人类在进化过程中也是在不断选择、扩大食物的来源,但因苔藓家族多数生长在人迹罕至的地方,为保持水分,植株矮小、茎叶也不发达,已适应了艰苦的生存条件,没有多余的养分可以保留,所以从未成为动物们的主食。

　　但是,苔藓家族毕竟族群众多,总有几种是可以用来解决人类和动物的饥饱问题的。

　　有"千岛之国"之称的印度尼西亚和有"千湖之国"之称的芬兰,都曾发生过惨痛的大饥荒。

　　在 17 世纪末, 由于欧洲小冰河时期的到来,食物来源变得短缺,使芬兰人口急剧减少,有四分之一到三分之一的人口因饥荒而丧生;另一次是在 19 世纪早晚期,这是个和平年代,仅仅是因为农业欠收就饿死了十几万人,占当时总人口的 7.76%。

　　芬兰约有四分之一的国土在北极圈内, 其中约

有 18 万个湖泊和 17 万个岛屿。那里交通不便,许多居民居住在不

同岛屿上，原来靠渔猎为生，气候变得异常寒冷之后，鱼类改变了觅食和产卵的方向，不往这个岛国来了。加上许多农作物少又大面积减产，所以好多人一下子就得饿肚子。同时让人头疼的还有交通问题，悲剧就不可避免地发生了。

17世纪以前，欧洲人以吃肉为主，而随着小冰期的到来，发生了严重的饥荒，人们不得不依赖生长期相对较短的荞麦等植物为主食。即便如此，他们依旧经常挨饿。于是，他们把原来从不作为主食的瓜菜、栗子粉、荞麦面、各种豆类及地下块茎也当成了重要的补充性食物。在一些地区，草与苔藓家族的成员也被做成面包状，以维持那些濒临死亡的人的生命。

其实，当时还是饿死了许多人。草和苔藓营养价值太低，吃到肚子里不起作用。

有人或许不明白：既然苔藓没养分，干嘛还要吃啊？其实就像树皮、草根，甚至是"观音土"都曾被饥民用来果腹一样，没任何养分，只是让肚皮暂时不"喊饿"而已。

要说苔藓家族的成员也不全是不肯与人类的肚子合作。居住在中国西南部西双版纳的傣族人，就可以把青苔做得"味道好极了"。

青苔是傣族人家特有的风味菜肴，是用来招待客人的。勤劳聪慧的傣族儿女在选用春季江水岩石上的苔藓时，以深绿色为最好，捞取后撕成薄片,自然晒干,用竹篾穿起来随吃随取。做菜时,厚的用油煎,薄的用火烤,酥脆后揉碎入碗,再将滚油倒上,然后加盐巴搅拌一下,用糯米团或腊肉蘸着吃。那鲜香酥脆的感觉会让你舌尖上的味蕾跳舞,一口下肚,口齿留香,余味无穷。

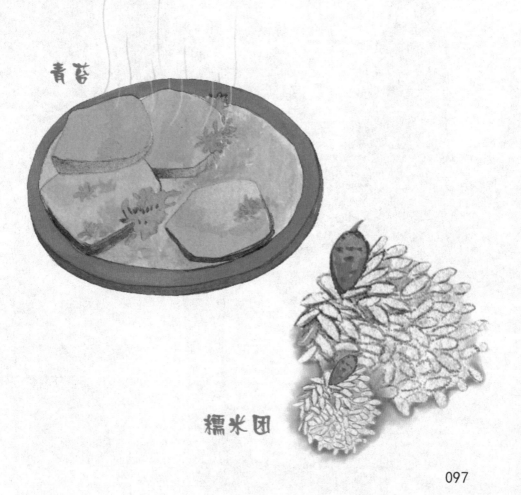

青苔

糯米团

英国乡下斗火魔

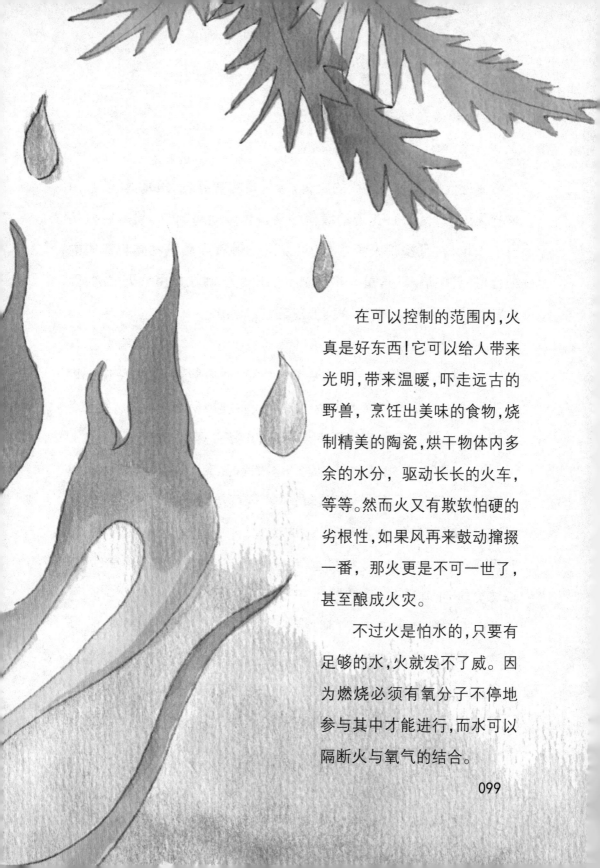

在可以控制的范围内，火真是好东西！它可以给人带来光明，带来温暖，吓走远古的野兽，烹饪出美味的食物，烧制精美的陶瓷，烘干物体内多余的水分，驱动长长的火车，等等。然而火又有欺软怕硬的劣根性，如果风再来鼓动撺掇一番，那火更是不可一世了，甚至酿成火灾。

不过火是怕水的，只要有足够的水，火就发不了威。因为燃烧必须有氧分子不停地参与其中才能进行，而水可以隔断火与氧气的结合。

在近代英国地势平缓的农村,溪苔科的苔藓"三角莫丝"常被用来扑灭火灾,因为它在流动缓慢的河流里随处可见,轻易就能打捞出一大堆,并且携带大量水分,可以迅速阻断可燃的物体与氧气的结合,扑灭火焰。三角莫丝在历史上的用途仿佛就是用来灭火的,因为它的拉丁语名称,就含有类似"抗火"的意思。

三角莫丝因为叶子呈三角形而得名,是莫丝苔中最有观赏性的一种,常常用来作为鱼缸的装饰类水草,适应能力强,即使在未输入二氧化碳及低养分的水中也可以欢天喜地地疯长一气,令鱼儿高兴地穿梭其间。三角莫丝还有点恋旧的嗜好,喜欢旧水。

细说起来,三角莫丝苔也有许多的堂兄弟、堂姐妹,如孔雀莫丝、珊瑚莫丝、火焰莫丝、泪珠莫丝、翡翠莫丝、玫瑰(梦幻)莫丝、龙须莫丝、金钱莫丝、柳条莫丝、绿袜莫丝、针叶莫丝、大三角莫丝、小三角莫丝、直立莫丝、爬行莫丝、巨人莫丝、迷你莫丝、圣诞莫丝、新加坡莫丝、爪哇莫丝、台湾莫丝、日本莫丝、南美莫丝等等。

由于空气和水体污染、栖息地退化、火灾、工业污染等因素,致使许多英国独有的苔藓种类濒临灭绝。英国科学家为了保护这些濒危种,在英国皇家植物园内建立了一个珍稀苔藓植物保存库。科学家们采用冰冻方法使其处于进入滞生状态,希望借助这种技术把50多种濒危苔藓保存起来。

圣诞老人坐骑的美食

欧美国家每年 12 月 25 日的圣诞节是最隆重的节日。特别是圣诞老人,最受孩子们的喜爱。在圣洁的飘着美丽雪花的平安夜,一身红衣服,戴着红帽子,长着雪白胡须的圣诞老人赶着驯鹿,拉着装满玩具和礼物的雪橇,挨家挨户给每个孩子送礼物。

请注意,给圣诞老人拉雪撬的大个子驯鹿。驯鹿虽然体型较大,体重可达 150 千克,头上长着大角,感觉有点儿怕怕的,但它的性情特别温和,觅食能力强,耐力强,跑得快,是北半球人们工作生活的好伙伴。小孩子和老人也可以赶着它安静地回家。驯鹿被人们视为吉祥、幸福、进取的象征,也是追求美好和崇高理想的象征。

驯鹿又名北方鹿,也叫圣诞驯鹿,雄鹿和雌鹿都长着美丽的大角。它们的平均寿命为 15~20 年,主要栖于寒带、亚寒带森林和常年冰冻的苔原地带,多群居。

驯鹿的名字是从印第安语"克萨里布"演变而来,其意为"雪路先锋"。这个名字起得非常恰当,因为它强壮而灵活的四肢及那坚硬而宽大的四蹄,使它不仅在雪地上行进自如,也能从 1 米深的坚硬

雪地里刨出食物。

　　驯鹿最喜欢吃的食物就是苔藓家族的成员赤茎藓,另外就是曲尾藓、毛叶苔和沼泽皱蒴藓等。例如,在北欧挪威的斯瓦尔巴特群岛,苔藓是驯鹿的主要越冬食物,其次是地衣,天气变暖时也采食树木的枝条和嫩芽、蘑菇、嫩青草、树叶等。

　　还有生活在我国黑龙江省讷河县和内蒙古自治区的

鄂温克族人，以放牧为生，饲养驯鹿是这个民族的主要特色，驯鹿曾经也是他们的唯一交通工具。我们知道，这一地区在冬季的时候异常寒冷，人们寻找食物就非常的困难，而驯鹿也一样觅食苦难，埋在雪地里的苔藓成为它们的主要食物。

虽然苔藓家族的大多数种类适口性较差,不那么好吃,但驯鹿和其他许多生活在极地附近寒冷地区的食草动物以及鸟类,都将苔藓作为主要的食物来源,好像是造物主早就安排好了的一样。

　　而生活在极地寒冷地区的苔藓都含有较高浓度的多链可溶性不饱和脂肪酸,尤其是花生四烯酸,能够提高动物的御寒能力,让它们吃了以后浑身暖洋洋的。

　　能够成为圣诞老人的坐骑的美食,苔藓家族也应感到骄傲!

很美味啊

苔藓家族有梦想

关键词：工业三废、大气污染、生物指示、制作香料、降害虫、开路先锋、生态维护、水土保持

导　读：其貌不扬的苔藓家族，却有着非比寻常的贡献与作用，随着人类科技的进步，人类既能利用苔藓对生态环境的敏锐反应，当作环境的监测者，亦能通过技术手段从其体内提取化学物，用于制作香料或化妆品，同时苔藓也能在维护生态平衡上作出自己的贡献。

　　亿万年来，苔藓家族秉承祖先一向低调、乐观、坚毅的优良品质，在世界的各个角落落脚安家，生根发芽，在贫瘠、荒凉中一点一滴地增加生命的绿色。因为矮小，没有俗名，苔藓已经习惯了没有喝彩的生命舞台，虽然它们含有许许多多的对人类大有裨益的天然化学成分。

　　一切荣耀都不是努力与自然抗争的目标，苔藓家族拥有自己不变的梦想……

苔藓家族有梦想哦！

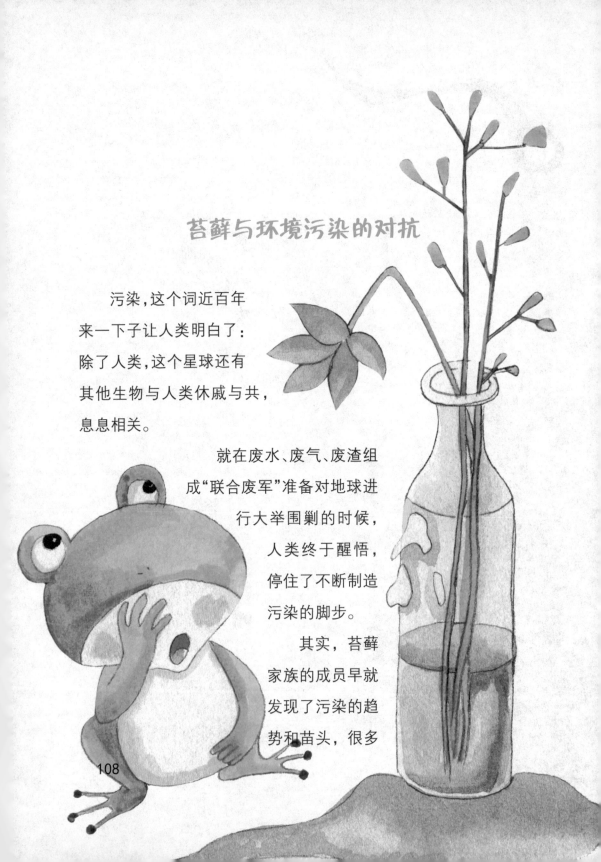

苔藓与环境污染的对抗

污染,这个词近百年来一下子让人类明白了:除了人类,这个星球还有其他生物与人类休戚与共,息息相关。

就在废水、废气、废渣组成"联合废军"准备对地球进行大举围剿的时候,人类终于醒悟,停住了不断制造污染的脚步。

其实,苔藓家族的成员早就发现了污染的趋势和苗头,很多

108

成员发黄、枯萎、死亡,但过怕了穷日子的人们在真金白银面前无法停止开山毁林的步伐,耳朵里听不见与钱无关的声音,眼睛里看不见与钱无关的事情……

自 20 世纪 70 年代起,部分科学家已发现了污染如不加阻止就不可控制的严重性,苔藓植物因特殊的生理结构而作为生态指示物备受关注,尤其是其对污染的生物指示作用。

不知道你注意过没有,如今在大城市,每当下雨的时候,大颗的雨滴打在汽车或别的物体上,在天气放晴时就能发现,被雨淋过的汽车或光洁的物体上,都能看到点点滴滴的污迹,原来每颗雨滴里都含有许多的微尘,雨水一干便全部显露出来了。有时我们穿着白色或浅色的衣服,不小心淋雨成了"落汤鸡",衣服也会在干后变成很脏的样子。这说明如今的城市污染,已不是哪一个城市的个例,而是具有普遍性质的严重问题了。

随着工商业的发展、城市人口的增加、交通运输的频繁,大量生产、生活及交通废气排放到大气中。这些废气的自然消释速度,远远低于废气产生的速度,在稀释不及、越聚越多的情况下,引起城市及附近地区空气质量的降低,大气污染严重。

大气的污染物可分为气溶胶状态污染物和气体状态污染物。这些东西让人说起来会很拗口,也较难懂。其实简单地说,即指大气中的污染物质按状态可以分为以固体粒子为主和以气体状态为主两种类别。

气态污染物又主要分为五

污染源

大类：以二氧化硫为主的含硫化合物、以氧化氮为主的含氮化合物，以及碳氧化合物、碳氢化合物、卤素化合物等。有时排到大气中的这些气体又狼狈勾结，经过一系列化学或光化学反应生成新的污染物，产生二次污染。

包括大气污染在内的"工业三废"严重影响了人们的工作和生活，甚至产生生态恶化的"连锁反应"。为了有效制止和治理环境污染,保护生物的多样性,人们想了好多办法,如退耕还林、防风固沙、休渔休牧、关停并转等等。在生物学利用上,就把嗅觉敏锐的苔藓家族的成员作为警惕污染的"哨兵"!

苔藓家族成员的叶片大多为单层细胞,污染物可以从叶子的正反两面直接侵入叶片细胞,之间连个缓冲地带都没有,那些手无寸铁的叶片细胞所受到污染物的冲击率和杀伤率都远远大于其他高等植物, 对环境因子的反应敏感度是种子植物的 10 倍, 且苔藓形体小,生长缓慢,一旦受到污染,不易恢复,容易观察,是监测环境污染的"忠诚哨兵"。

苔藓家族成员对污染有着极其敏感的感应性。科学家的熏蒸研究试验表明:苔藓植物在浓度十亿分之五的二氧化硫的熏蒸下,就会表现出明显的受害症状;当浓度达到千万分之四时,苔藓植物会在几十个小时之内相继枯死。相反,大部分的种子植物在浓度为千万分之四的二氧化硫气体熏蒸 100 小时以上, 仍无法用肉眼观察受害症状。也就是说,种子植物对污染远不如苔藓敏感。

苔藓家族虽然有特殊的生理适应机制,能够在高寒、高温、干旱和弱光等其他陆生植物难以生存的环境中生长、繁衍。但对于化学污染物,由于苔藓家族没有真正的根和维管束组织,不能组织起有

效的反击,也不能及时通过新陈代谢把污染物赶出去。

科学家的移栽试验结果表明,从非污染区移栽到污染区的苔藓植物大都出现明显的受害症状或死亡。而近百年来,在城市发展过程中,污染让苔藓家族大量减员。

荷兰在 1850 年的统计数据显示,约有 600 种苔藓植物,经过一个世纪的大气污染,已使那里 14%的苔藓植物消失,仅阿姆斯特丹就有 23 种苔藓灭绝。

在比利时,对照 1850 年记载的约 600 种苔藓植物,由于大气污染,至今已经至少使得 114 种苔藓植物消失。

同样,加拿大西南部及欧洲的一些地区,大气污染使一些常见的苔藓植物也变得十分稀少……

可以这么说,苔藓植物比地球上任何动植物都盼望一个清明、洁净的世界。

帮助人类美容

爱美是所有人类甚至动植物的天性。每个人的长相、身材等无法改变,但可以改变形象与气质,于是产生了化妆术。

在古代,有一种来自海洋的名贵香料"龙涎香",据说是龙睡着时淌的口水凝结而成,其香扑鼻持久,抹后三日香气仍不绝如缕,只有皇室贵族有机会享用。后来科学家发现,龙涎香其实是抹香鲸助消化的分泌物,因为它的来源稀缺,价格不菲,与黄金不相上下。但皇室贵族对其趋之若鹜,以抹过龙涎香为身份和地位的象征。可见美丽也要香喷喷哟!

其实,苔藓家族成员体内含有多种有益的化学成分,其中就包括"就是要你好看"的萜类化合物和芳香族化合物,想要怎么美就能怎么美,想要多么香就能多么香!

如今,人们已经使用分离技术,从苔藓类植物中获得了大量结构新颖而且活性显著的萜类化合物和芳香族化合物,这是制作香料和化妆品时优良的先导化合物。

目前科学家在苔藓家族成员的植株内共发现了 25 种单萜、

177 种倍半萜、43 种二萜、15 种三萜，它们就是一类重要的天然香料。

其中单萜类化合物多数是挥发油中沸点较低部分的主要组成成分。也就是说，单萜类化合物是不稳定的挥发油中最容易挥发的那一部分，活泼好动，没有大局观念，组织性差，又具有煽动性，一旦受到风吹草动，

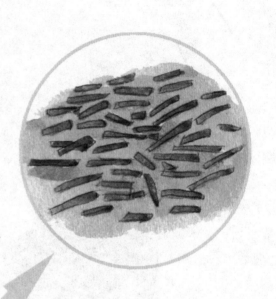

马上就可能带领沸点较低的那一部分脱离组织"打游击"去了。不过单萜类化合物对氧分子向来是高看一眼、厚爱一分的，一旦与氧分子结合，变成含氧衍生物（醇类、醛类、酮类、羧酸、酯类等）后，它的沸点也变得较高，稳定性大大加强，显然是被氧分子用什么招术给收买了；而且多数具有较强的香气和生理活性。

　　科学家利用单萜类化合物的这点习性，首先用氧分子把它们收编后进行改造，使它们的香气和生理活性大大增强，成为医药、仪器和化妆品工业的重要原料，常用来制作芳香剂、防腐剂、矫味剂、消毒剂及皮肤刺激剂等。

　　种类最多的倍半萜和单萜化合物一样，都是挥发油的主要组成成分，但倍半萜的沸点相对较高，它们也是愿意与氧分子亲近合作，变成含氧衍生物后大多有较强的香气和生物活性。

　　人类认识事物的过程都是渐进的过程。目前对苔藓家族成员中的天然化学成分的探究，还仅仅处在初步开发阶段，有很多奥秘还需要更多科学家的努力来解开。

降害虫先锋

自然界常常有这种现象:一种专门以某一种植物为食的昆虫,也会把家安在这种植物的叶片背面、植株上或植株的基部,目的就是为了方便取食活动。

有时多种昆虫都喜欢某一种植物,这个刚吃饱了走掉,下一个饿得走路打晃的饿鬼又匆匆赶过来,埋头就吃;或者是几种昆虫的就餐时间大致相同,说来吃都来

吃,害得植物旧伤未愈,又添新伤,叶片大大小小的全是洞,还怎么进行光合作用?

植物也是有感觉,有感情的。

所以,造物主为了自然界的生态平衡,赋予了植物们一种特殊的防御本领:分泌毒素,赶走那些贪吃虫!

柳树叶遭到毛虫的危害后,会分泌一种异常苦涩的能够降低毛虫食欲的生物碱。

如果一些饿得打晃的毛虫或别的昆虫还是不听警告,"敬酒不吃吃罚酒"的话,叶子便会释放出一种激素,促使亚麻酸转化为茉莉酮酸,茉莉酮酸再促使叶子的部分细胞制造出一种叫做"蛋白酶抑制剂"的酶。这种酶可厉害了,不但能够让昆虫消化不良,还能帮助叶子细胞再产生一种叫做"缩胆囊素"的化学物质,让贪吃的毛虫和昆虫们立刻产生"我吃得太饱了"的感觉,于是这些被"哄饱肚皮"的害虫立刻转身就走了。

哈哈,柳树真是有两下子啊,打一套"组合拳",晕头转向的害虫就傻乎乎地溜走了!

此外,白杨、枫树与柳树一样都有一个特点:当受到害虫侵害时,它一面分泌防御用的化合物,一面把

"有敌人"的信息迅速传给身边的伙伴，再由身边的伙伴传遍所有的伙伴，共同防御害虫。

在非洲大草原，当一种带刺的小叶植物不能阻止长颈鹿的"狂热追求"时，这种成片生长的植物便学会集体防御的本领：一旦边缘的植株首先遭到长颈鹿的撕咬啃食时，这棵植株会很快把"大嘴巴的白吃客来了"这个信息飞快地传给其相邻的伙伴，并迅速传遍整个林子，所有的小叶植物都起了微妙的变化：收拢叶片，张开针刺，同时植物体内，特别是嫩叶和嫩茎部分会分泌一种刺激喉管的毒素，让喜欢用舌头翻卷嫩叶嫩茎来吃的长颈鹿产生不舒服感，像被蜇到一样，只好摇头甩脑地吐掉刚吃到的食物，转身就离去。

　　然而高大的长颈鹿也是聪明的,它隔一段时间再回来,小叶植物会毫不客气地再释放毒素;可是长颈鹿不舒服吐了再走,隔一会儿又来了。看来,植物还是斗不过大型的食草动物呀。

　　植物是采用"施放毒素"的方法自保的,苔藓也会面对天敌,它们又是如何自保的呢? 科学家们发现:苔藓植物标本,不需消毒,长时间保存,既不易霉烂,也不易受到虫蛀。因为苔藓植物本身含有抗生物质,能够击退一切可能入侵的霉菌分子,甚至与入侵者同归于尽。科学家们发现,在 111 种被研究的藓类中,有 56%(也就是 61 种)成员的提取物对至少一种细菌有抗菌作用,特别是折叶苔、棉藓和小金发藓,具有抗真菌的作用。

　　而对于过来"白吃饭"的大大小小的害虫们,苔藓家族所具有的昆虫拒食活性成分,也让它们尝尽苦头,不得不兴冲冲地来,灰溜溜地走。

　　一个是由于苔藓属于植物界的"先驱者",半数以上生长在极端恶劣的生长环境中, 上天赋予苔藓在这种环境生存下来的能力,为更多的绿色植物创造生存的可能性,所以苔藓不同于那些生长在阳光充足、养分富集、温暖而湿润的环境中的较高等级植物,苔藓大多数成员不具备收集并储存营养的功能,一般的植食性动物都对苔藓不"感冒";一些自然界肉眼几乎看不见的微生物负责分解动植物的遗体，因为富含纤维素和类木质素导致藓类成员的细胞壁又瘦又硬，而总是被分解者放在最后处理，因为分解苔藓植物既费时又费力。或者是一些苔藓体内含有过于丰富的某些矿物元素，或者如泥炭藓含氮量过低，等等，都让食草的动物胃口无法适应而放弃。泥炭藓属除了含氮量过低，它们创造的酸性、浸水、缺氧的生存环境条件也降低了其分解速度；同时泥炭藓类和灰藓类所含的泥炭藓醇也增加了分解者的难度。

还有苔藓植物的次生代谢产物，也是十分厉害的。如苔藓因代谢产生的苯甲酸苄酯类，对于贪吃的昆虫和难消灭的螨类都是致命的，只要吃一口就会被"放平"。

另外，草酸也可以把那些植食性昆虫（植食性昆虫指以植物活体为食的昆虫）搞得头晕眼花，浑身不舒坦，凡是尝过草酸滋味的，它们再也不敢吃第二口。

从 3.7 亿年前苔藓的祖先算起，至今还没有任何一种病毒可以存在于苔藓植物中！

科学家们目前已发现苔藓植物中有抗微生物活性成分、杀寄生虫和杀软体动物活性成分，具有抗气体活性成分、植物生长调节活性成分，具有酶抑制活性成分，等等。可见苔藓家族自我防卫装备是多么齐全，在植物界也不是"好惹"的。

杀懒虫 不手软

在生物进化漫长的过程中,有的生物是勤劳勇敢的,如蜜蜂、金丝燕、蚂蚁等等;有的生物是巧取豪夺的,如身长0.7米的军舰鸟、鳄鱼、狮子等等;有的生物是守株待兔的,如巴西的热带雨林河流中的枯叶龟、科摩多龙、响尾蛇、蜘蛛等等。自然界本来是个弱肉强食、优胜劣汰的世界,物竞天择,适者生存,这也是生物界进化的规律,无可厚非。

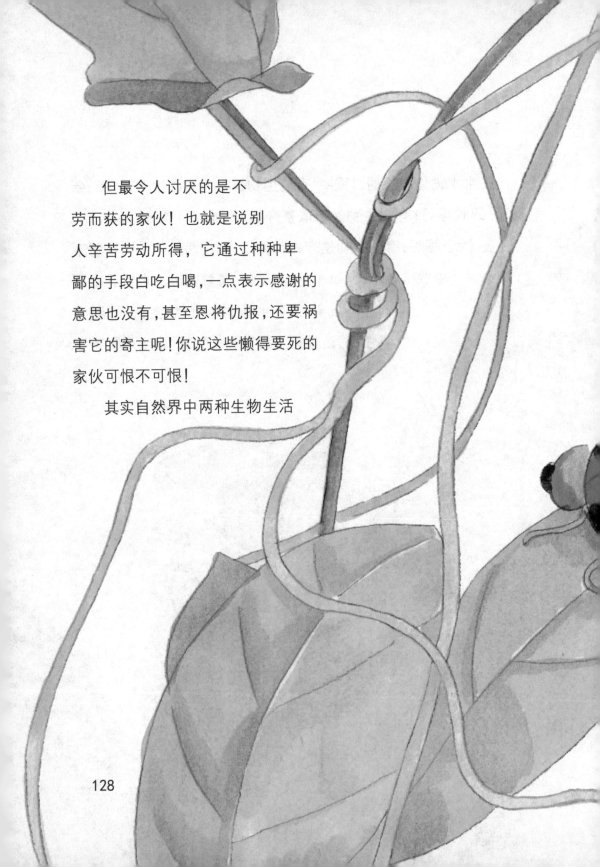

但最令人讨厌的是不劳而获的家伙！也就是说别人辛苦劳动所得，它通过种种卑鄙的手段白吃白喝，一点表示感谢的意思也没有，甚至恩将仇报，还要祸害它的寄主呢！你说这些懒得要死的家伙可恨不可恨！

其实自然界中两种生物生活

在一起的共生方式有好几种。

一种是共栖：一类生物获利，另一类生物既不受益，也不受害。如海洋中吸附在大鱼身上四处寻找丰富食源的小鱼或海螺类，一到合适地点就离开了它免费租用的"交通工具"觅食去了。

另一种是互利共生：两类生物在一起生活，在营养上互相依赖，双方有利。例如，非洲草原上的犀牛鸟，与犀牛共生，犀牛鸟捕食犀牛身上叮咬类的蚊蝇，并在危险来临时报警；而犀牛也为犀牛鸟提供了安全、良好的休息场所，大型猛禽一般不会因一只猎物而招惹犀牛这样"大块头"的。再如，牛、马胃内有以植物纤维为食物的纤毛虫定居，纤毛虫能分泌消化酶类，帮助分解植物纤维，有利于牛、马消化植物，获得营养物质；其自身的迅速繁殖和死亡可为牛、马提供蛋白质；而牛、马的胃为纤维虫提供了生存、繁殖所需的环境条件。

第三种就是寄生了。这种情况没有平等可言，完全是寄生虫在寄主身上吃饱喝足并恩将仇报祸害寄主。这种寄生虫式的家伙不但在动物界和人类中有，在植物界也有。

植物中的菟丝子，茎极细柔，橙黄色或黄色，无叶子，丝状，随处生有吸盘，缠绕吸附于大豆等植物上，也开花结果，是大豆的主要杂

草之一，当它通过吸收寄主的养分和养料而不断蔓延时，就会忘乎所以，黄色丝藤越缠越多，到后来会像一张盘丝洞蜘蛛精捉拿猪八戒时的大网一样，把寄主（大豆等）整个覆盖起来，抢夺寄主的阳光、雨露和清风，也不管寄主是死是活，一点良心都没有！

在动物界和人类中，寄生虫不但吸食寄主的养料，还要自私地给寄主带来各种损伤和疾病。如蛔虫和绦虫在人或动物的肠道内寄生，不但白吃白喝夺取大量的养料，还影响肠道吸收功能，引起寄主营养不良；又如钩虫附于人或动物的

130

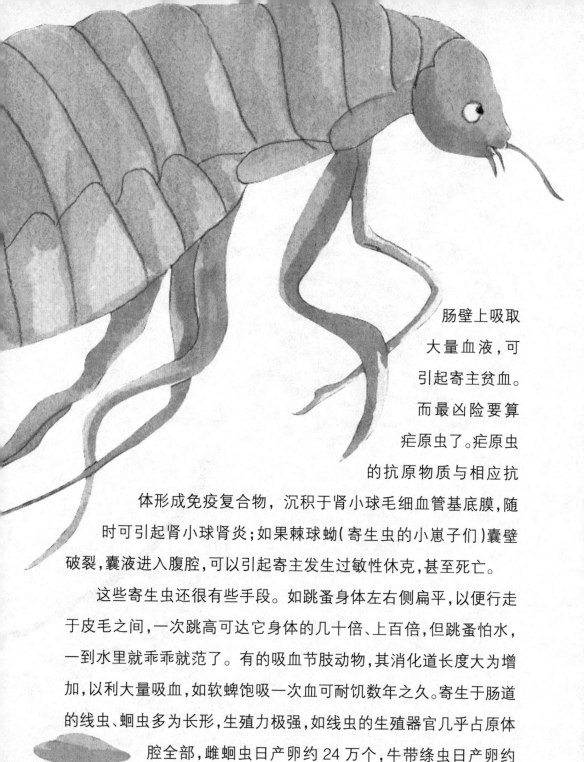

肠壁上吸取大量血液,可引起寄主贫血。而最凶险要算疟原虫了。疟原虫的抗原物质与相应抗体形成免疫复合物,沉积于肾小球毛细血管基底膜,随时可引起肾小球肾炎;如果棘球蚴(寄生虫的小崽子们)囊壁破裂,囊液进入腹腔,可以引起寄主发生过敏性休克,甚至死亡。

这些寄生虫还很有些手段。如跳蚤身体左右侧扁平,以便行走于皮毛之间,一次跳高可达它身体的几十倍、上百倍,但跳蚤怕水,一到水里就乖乖就范了。有的吸血节肢动物,其消化道长度大为增加,以利大量吸血,如软蜱饱吸一次血可耐饥数年之久。寄生于肠道的线虫、蛔虫多为长形,生殖力极强,如线虫的生殖器官几乎占原体腔全部,雌蛔虫日产卵约 24 万个,牛带绦虫日产卵约

化学武器公司

72万个!

苔藓家族在消灭寄生虫的战斗中有着独特的作用。苔藓体内所含的一些化学活性成分可以破坏害虫的消化和生殖系统,让它们吃不好,睡不好,繁衍后代的能力越来越弱,或者生产的崽子们体质越来

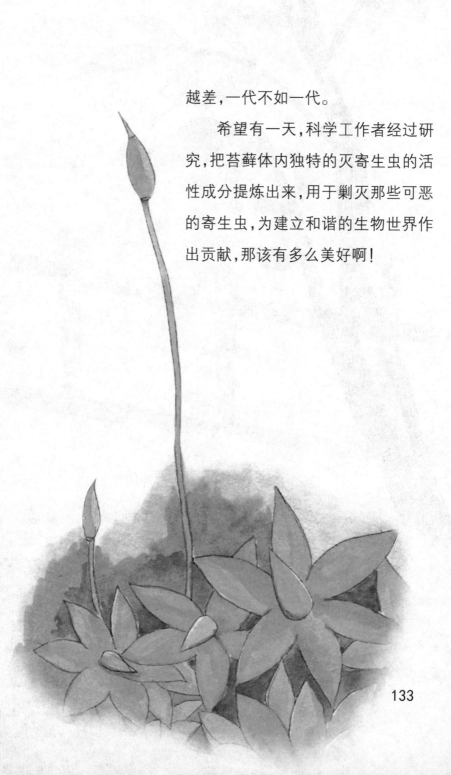

越差,一代不如一代。

　　希望有一天,科学工作者经过研究,把苔藓体内独特的灭寄生虫的活性成分提炼出来,用于剿灭那些可恶的寄生虫,为建立和谐的生物世界作出贡献,那该有多么美好啊!

有一天统治了整个世界······

物竞天择，适者生存。

苔藓家族的成员遍及世界的各个
角落，无论冰雪高山、干旱荒原、裸露

134

岩石、火山温泉、沼泽湖泊、森林深处，都有适应各种极端生存环境的苔藓顽强、健康而快乐的身影。

经历了地壳变动、冰川时代、熔岩喷发、沧海桑田，苔藓见证了生于石炭纪至二叠纪高达 30 多米的芦木、鳞木和科达树的兴盛衰亡；见证了三叠纪至白垩纪地球霸主恐龙的神勇崛起和终极消亡。在任何气候环境下，都有苔藓家族不屈的奋斗足迹。

苔藓是植物界的"开路先锋"，它们在水、旱、寒、热等极端生存条件都能安然生存，即使地球环境怎样变化，都有苔藓的生存空间，

苔藓与荒漠、裸岩、高温和严寒搏斗,在不可能生存的环境中一点点、一片片地蔓延和渗透,逐步变为植物生存和成长的天堂。

苔藓走到哪里,就把绿色带到哪里,没有任何地方能阻止苔藓的居住和繁衍。苔藓家族中的泥炭癣比苔类植物更耐低温,在温带、寒带、高山冻原、森林、沼泽常能形成大片群落,主宰着那里的水分和湿度,控制着生物群落的速度和种类。

苔藓是高山、森林、荒漠、裸岩重要的生态维护者、水土保持者。高山林地,需要锁住根部的水分和营养,确保大树们的快乐成长,早日成材。苔藓家族成员在干旱季节收集水气保持地面湿润;雨季吸收多余的水分保持适当的湿度。在南半球高纬度森林深处太阳光无法穿透的地方,苔藓植物不要阳光,仍能够均匀地生长在树干的所有部位。

苔藓是生物多样性的重要组成部分。由于苔藓的不懈努力,荒原渐渐有了生机,裸岩逐步有了绿色,其他绿色植物渐次跟进,小昆虫、鸟雀由偶尔逗留到逐渐安家,由苔藓家族供应给初来乍到的其他绿色植物宝贵的水分和湿度,一旦生态微循环

或循环系统成熟稳定下来，苔藓家族就会让出这片曾为之奋斗过的地方，毫不留恋地转移到下一个蛮荒之地。

苔藓植物能够促使沼泽陆地化。泥炭藓、湿原藓等极耐水湿的苔藓植物，在湖泊和沼泽地带生长繁殖，它们的衰老的植物体或植物体的下部，逐渐死亡和腐烂，并沉降到水底，时间

久了，植物遗体就会越积越多，从而使苔藓植物不断地向湖泊和沼泽的中心发展，湖泊和沼泽的净水面积不断地缩小，湖底逐渐抬高，最后，湖泊和沼泽就变成了陆地。

由于苔藓体内含有大量的丰富的化学活性成分，从苔藓的老祖宗算起，目前还没有任何一种病毒性菌体可以危害到苔藓家族。

苔藓家族成员一般都会产生大量的孢子。如在加拿大，每平方米的赤茎藓可产生 10 亿个直径为 8~12 微米的健康孢子，能够传播到 19000 千米远的地区，如此巨大的数目和传播距离，使苔藓

地衣

140

能够保证有足够数量的孢子到达适宜的生存环境。一些种类的孢子在长距离散布的过程中，能够抵御严酷环境的考验。世界广布的角齿藓和葫芦藓，能够在 13~16 年后萌发。无性繁殖在苔藓家族中占据着极为重要的位置。大多数苔藓很容易从叶或茎的一部分再生，这种营养繁殖方式在极地等环境恶劣的地方尤为重要。

苔藓家族在各种生长环境中都保持了占据主要地位的生产量，是生命力极强和发展很快的植物。例如在南极大陆的沿海地区，每平方米苔藓植物年净生产量达 200~900 克，在南极南乔治岛溪流附近，每平方米超过 1000 克。北极地区苔藓通常与维管束植物、地衣生长在一起，每平方米年净生产量一般为 20~80 克，与维管束植物相比是较高的。著名的泥炭藓是沼泽中的主要生产者，每平方米年净生产量达 790 克。

此外，许多寒温带针叶林林下几乎全被苔藓覆盖，那里是苔藓家族的乐园，每平方米年净生产量 100 克，而针叶林中每平方米的

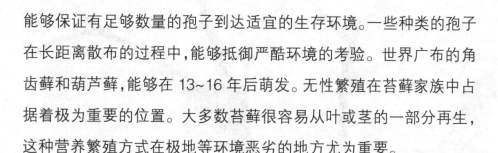

142

年总生产量为 200~1500 克。藓类超过地衣和藻类植物，是北半球寒温带针叶林的主要生产者。在针叶林和沼泽中，苔藓地上部分总生物量一般为每平方米 200 克。在一些热带群落类型中，苔藓生物量更高，特别是在高海拔灌丛，每平方米超过 1000 克，其中主要为树生苔藓。

总而言之，苔藓家族是一种有着丰富生存经验的古老高等植物群落，分布在这个星球的各个角落，可与各种极端的生存环境作抗争并生存下来，可以吸引无数种的植物和动物来到其身边生长居住，繁衍生息，开花结果，共同组成美妙和谐的生物界。

所以，不管地球气候环境如何变化，苔藓这种古老的生物都能安然生存，它永远是充满着勃勃生机。

当然，苔藓还没有真正的根系，没有营养输导系统，无法快速地吸收和保留养分，个头较矮。但苔藓能与这个星

143

球上的其他生物和平共处，这是它最可贵之处！

苔藓的繁殖不为剥削其他植物，不是称霸植物界，愿意带领植物界的群落共同争取、营造最有利的生存空间，让每一个植物界的成员健康快乐、茁壮成长。而且让苔藓家族世世代代的"可爱宝宝"，共享天伦之乐！

对了，这个未来和谐世界不包括寄生虫之类。苔藓家族愿为围剿寄生虫贡献自己全部力量，让这个世界永远公平、正义、健康、善良、洁净、温暖！